동물보건영양학

정연수 · 박수진 · 배은진 · 안재범 · 하윤철 · 홍하일 · 황성우 지음
박희명 감수

창지사

머리말

대한민국 4가구 중 1가구는 반려동물을 키우고 있는 요즘, 반려동물을 가족 구성원으로 인식하는 현상은 더 이상 낯설지 않습니다. 이로 인하여 반려동물의 건강과 웰빙을 책임지는 중요한 요소로 영양이 부각되었으며, 반려동물에 대한 관심과 사랑이 높아짐에 따라, 반려동물의 영양에 대한 보호자들의 관심도 급격하게 증가하고 있습니다. 과거의 영양학이 단순히 양질의 성장과 어떻게 하면 에너지를 잘 공급할 수 있을지에 대하여 초점이 맞추어져 있었다면, 근래에는 맞춤형 영양학으로 건강 증진과 더불어 질병 예방에 그 중요성을 두고 있습니다. 반려동물의 영양은 단순히 영양소와 에너지를 제공하는 것 이상의 의미를 가집니다. 적절한 영양은 반려동물의 건강과 삶의 질에 직접적인 영향을 미치며, 그들의 성장, 면역, 에너지 수준, 나아가 수명까지 중대한 역할을 합니다. 잘못된 영양은 질병의 원인이 될 수 있고, 반대로 올바른 영양은 건강을 유지하고 예방하는 데 중요한 요소로 작용합니다. 우리가 반려동물의 영양에 관심을 갖고 잘 알아야 하는 이유는 “Your pets are what they eat, so what do you feed them?” 즉, 반려동물은 결코 스스로 양질의 영양을 선택할 수 없기 때문입니다. 결국, 영양에 대한 올바른 지식을 갖추고 있는 보호자가 반려동물의 건강한 삶을 보장할 수 있습니다.

이 책에는 반려동물 영양학을 공부하는 데 있어서 기초적인 이론뿐만 아니라, 반려동물을 양육하는 데 필요한 정보들이 수록되어 있습니다. 이에 수의학이나 동물보건 관련 분야에 몸담고 있는 학생들뿐만 아니라 반려동물을 양육하고 있는 보호자 분들에게도 큰 도움이 될 수 있을 것이라 기대합니다.

끝으로 책을 집필하는데 흔쾌히 참여해주신 동물보건 관련 분야의 여러 교수님들과 기꺼이 감수를 수락해 주신 건국대학교 수의과대학 박희명 교수님께 감사의 말씀을 드리고 싶습니다. 또한, 이 책이 세상의 빛을 볼 수 있게 도와주신 창지사 관계자 분들께 심심한 감사의 말씀을 전합니다. 반려동물의 건강을 위해 힘쓰시는 모든 분들에게 도움이 되길 바라며, 앞으로도 계속해서 반려동물 영양학 분야의 발전에 작게나마 기여할 수 있도록 노력하겠습니다.

2025년 02월

대표저자 정 연 수

목차

제1부

기초 영양학

제2부

반려동물 사료와 간식

제3부

영양 관리

동물보건영양학

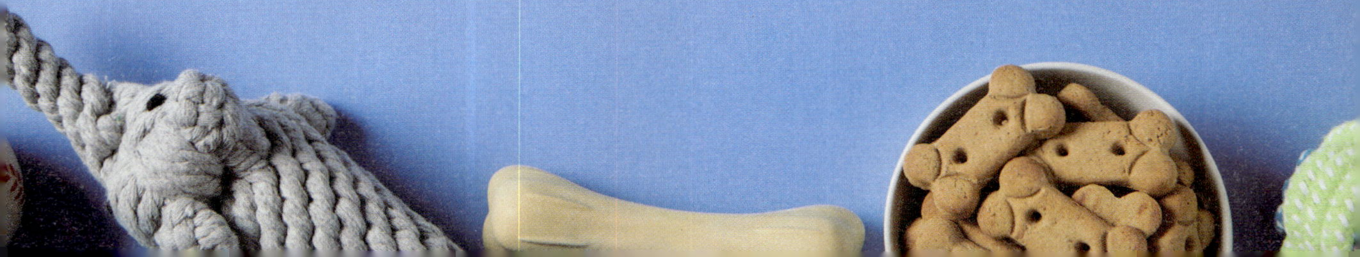

1부

기초 영양학

1장 동물보건영양학의 개념 및 6대 영양소

학습목표

1. 동물보건영양학은 반려동물의 생명유지에 필요한 영양소와 대사 과정과 생화학적 변화를 연구하는 학문이다.
2. 동물보건영양학의 이해를 통해 반려동물이 건강한 삶을 유지하는데 도움을 주는 것을 목표로 한다.

1절 동물보건학의 개념

동물보건영양학은 동물의 생명유지와 건강 균형을 위하여 체외로부터 공급되어야 하는 영양소와 대사 과정, 동물 체내에서 일어나는 다양한 생화학적 기전에 대한 학문이다. 동물의 영양공급은 사료로 이루어지며, 영양균형을 갖춘 사료 공급을 통해 동물의 유전적 능력(genetic potential)이 최대로 발휘되는 데에 그 목적이 있다. 영양소(nutrients)는 사료를 구성하고 있는 성분으로, 체내 에너지를 제공하고 성장과 다양한 생리기능을 조절함으로써 동물의 생명과 건강을 유지하는 데 필요한 성분이다. 체내에 필수적인 영양소로는 탄수화물, 지방, 단백질, 비타민, 광물질, 수분이 있다. 동물사료는 각 영양소의 화학적, 영양적 특성과 체내 대사현상을 고려하여 영양균형을 갖춘 배합사료(feedstuff)와 배합사료를 구성하는 각각의 원료사료(ingredients)로 나뉜다. 동물사료는 영양소 함량과 특성, 각종 동물의 생리적 특징 및 생애주기에 따른 영양소 요구량이 반영되어 제조된다.

반려동물은 반려인이 제공하는 식이를 통해 모든 영양소를 공급받게 되므로, 반려인이 사료와 펫푸드의 성분과 급여량에 대한 지식이 반드시 필요하다. 균형을 갖춘 적절한 영양공급은 성장단계에 따라 반려동물의 체격을 발달시키고 건강한 상태를 유지하며, 질병을 예방하기도 하고, 치료에 보조적인 작용을 하기도 한다. 동물간호사는 동물 간호와 진료를 보조하는 업무와 함께 보호자에게 반려동물의 영양에 대한 올바른 지식을 전달함으로써 반려인이 반려동물의 건강한 삶을 유지할 수 있도록 해야 한다.

2절 6대 영양소-part1. 탄수화물, 지질, 단백질

1. 탄수화물

1) 탄수화물의 구조와 기능

(1) 탄수화물의 구조와 기능

탄수화물은 탄소(C, Carbon), 수소(H, Hydrogen), 산소(O, Oxygen)로 구성된 화학식(CH2O) n을 가지며 지방, 단백질과 함께 동물의 3대 주요 에너지원이다. 탄수화물은 유기화합물로 지구상에 가장 많이 존재하는 에너지공급원이다. 식물은 태양 광선에 반응하는 엽록소가 이산화탄소와 물을 이용하여 당을 만드는 광합성 작용을 통해 열매, 잎, 줄기, 뿌리 등에 전분(starch)과 섬유소(fiber)의 형태로 저장한다. 전분은 동물이 효율적으로 이용할 수 있는 에너지 공급원이며, 섬유소는 초식동물 체내의 미생물이 분해하여 에너지원으로 이용된다. 자연계에 존재하는 기본 구조는 육탄당(hexose)이고, 결합수에 따라 단당류, 이당류, 다당류로 나뉜다. 탄수화물의 일반적인 기능은 다음과 같다.

① 에너지를 공급의 주 영양소

탄수화물은 1g당 4kcal의 에너지를 발생하며, 동물 체내에서 선호하는 에너지는 포도당(glucose)의 형태로 뇌와 적혈구의 주 에너지원이 되며, 기타 모든 조직의 세포에서 사용된다.

② 체내 대사 조절

탄수화물의 공급이 충분할 경우 근육과 간에 글리코겐(glycogen) 형태로 전환하여 신체의 에너지 균형을 유지하는 역할을 한다. 잉여의 탄수화물은 단백질이 동물체 유지와 성장에 사용될 수 있도록 하고, 지방으로 전환하여 장기적으로 비축한다.

③ 혈당 유지 기능

탄수화물은 에너지를 공급하는 주 영양소로 혈액 내 일정한 농도로 존재해야 한다. 혈당 유지는 동물 체내의 정상적인 기능을 유지하는 데 필수적인 기능으로, 저장된 글리코겐과 잉여의 지방산과 아미노산을 합성하여 혈당 유지의 원료 물질로 사용한다.

④ 섬유소 공급원으로 생체 내 기능적 역할

탄수화물 중 섬유소(fiber)는 소화효소에 의해 분해되지 않으나 장관 내에서 미생물에 의해 분해된다. 장에서 부피를 증가시켜 장 운동을 촉진하고 장 내 유익균을 증가시켜 어린 동물의 설사를 예방하고, 노령동물의 연동운동을 강화하는 등의 배변 문제의 예방 및 정장작용(intestinal regulation) 기능이 있다. 이를 통한 콜레스테롤 배출 등은 동물체 내의 심장혈관 질환을 줄이고, 담낭 결석 등의 질환을 예방하는 것으로 알려졌다.

(2) 탄수화물의 분류

탄수화물은 가장 기본 단위의 단당류와 단당류 2개 이상이 결합된 소당류(이당류, 삼당류, 올리고당), 단당류의 결합이 10개 이상인 다당류로 구분된다.

① 단당류

단당류는 가장 단순한 구성단위를 가진 탄수화물로, 가수분해로 얻을 수 있는 최종산물을 말한다. 기본 분자는 육탄당(hexose)으로 결합수에 따라 단당류에서 다당류로 분류되는데, 단당류가 가진 탄소 원자의 개수에 따라 삼탄당에서 육탄당의 형태로 존재한다. 육탄당은 자연계에 가장 많이 존재하며 동물 체내에서 뇌와 적혈구가 에너지원으로 가장 선호하는 포도당(glucose)의 기본단위이다. 오탄당(pentose)은 핵산(nucleic acid)의 구성성분으로 데옥시리보스(deoxyribose)

는 DNA, 리보스(ribose)는 RNA를 구성하는 당(sugar) 분자이고, 그밖에 여러 조효소(coenzyme)와 비타민B2의 구성성분이 된다. 사탄당(tetrose)와 삼탄당(triose)은 탄수화물의 대사 과정 중에 발생하는 생성물질이다.

포도당(glucose)은 대표적인 단당류로 자연계에 널리 존재하며, 동물의 주요 에너지원으로 혈액 속에 약 0.1% 함유되어 있으면서 혈당을 유지하고 뇌와 적혈구를 비롯한 여러 기관에서 에너지원으로 이용된다.

과당(fructose)은 과일, 꽃, 벌꿀 등이 함유하는 탄수화물의 형태로 주로 간에서 대사되며, 글리코겐으로 변환되어 에너지원으로 이용된다.

갈락토스(galactose)는 젖과 우유에 함유된 단당류로 신생동물의 뇌와 신경조직 발달에 필수적인 영양소로 사용된다.

② 소당류

이당류는 단당류 두 분자가 결합된 형태로 설탕(sucrose), 엿당(maltose), 유당(lactose) 등이 있다. 단당류 두 분자가 결합될 때 물(H2O)가 생성되면서 글리코시드 결합(glycosidic bond)이 형성되고, 이들이 분해될 때 물 분자가 결합되면서 가수분해가 일어나 단당류로 분리된다.

설탕은 자당(sucrose)이라고도 하며 포도당과 과당 분자가 결합한 것이다(glucose+fructose). 식물의 열매, 꿀, 사탕수수, 사탕무 등에 널리 존재한다. 엿당(maltose)은 포도당이 두 분자 결합한 구조로 곡물이나 뿌리채소에 함유된 탄수화물 성분이다. 개와 고양이는 과당을 분해하는 효소(sucrase, 수크라아제)와 가 부족하거나 거의 없어 장내에서 삼투압이 증가하여 과도한 수분이 장내로 이동하면 설사가 유발될 수 있다.

유당(lactose)은 젖과 우유에 포함된 탄수화물 성분으로 포도당과 갈락토스가 결합된 형태이다. 유당 함유량은 동물에 따라 다르며 사람은 약 7%, 젖소는 약 4.8%, 개는 1.5~3.9%, 고양이는 4~5%이다. 유당은 다른 영양소와 결합하여 뇌와 신경계통을 형성하는 구성성분이다. 젖을 먹는 포유류는 유년기를 지나면서 우유 속의 유당을 분해하는 효소의 분비가 떨어지면서 유당불내증(lactose intolerance)이 나타날 수 있어 성체가 된 반려동물의 경우 유당분해효소가 처리된 우유를 급여하는 것이 바람직하다.

올리고당(oligosaccharides)은 단당류 3~9개가 결합한 탄수화물 종류로, 콩과 식물과 전분의 분해 산물들(dextran, 덱스트란)에 함유되어 있다. 특정 올리고당은 장내 세균의 먹이로 사용되어 유익균의 성장과 활동을 촉진하는 데에 도움을 줄 수 있다. 삼당류(trisaccharides)에는 라피노즈(raffinose)가 있는데 식물의 종자, 뿌리 등에 함유되어 있으며 단맛을 낸다. 라피노즈는 가수분해를 거쳐 자당과 갈락토스로 분해되고, 자당은 포도당과 과당으로 분해된다.

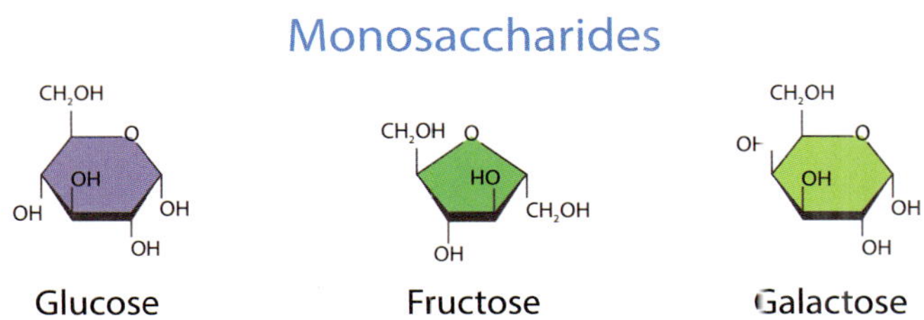

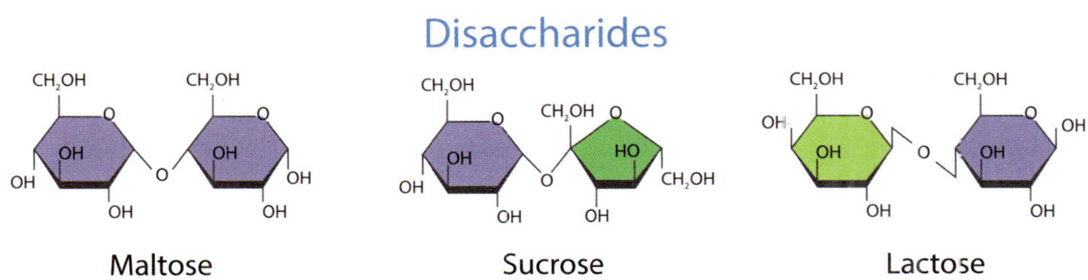

③ 다당류(polysaccharides)

다당류는 단당류가 10개 이상 결합된 형태로 전분(starch), 식이섬유(dietary fiber), 글리코겐(glycogen), 키틴(chitin) 등이 있다. 전분은 포도당이 250~300개가 결합된 복합체로 식물체의 뿌리, 과일, 씨앗에 함유된 탄수화물의 저장 형태이다. 전분은 높은 온도로 가공하면 소화율이 높아지고 영양 흡수율이 증가하는데, 이런 특성을 활용하여 사료의 형태 중 익스트루전(extrusion, 팽화) 사료에 주된 재료로 사용된다.

식이섬유는 자연계에 풍부하게 존재하는 탄수화물의 종류로, 식물의 세포벽을 구성하는 셀룰로스(cellulose) 여러 분자가 결합한 형태이다. 식이섬유는 물에 녹는 성질에 따라 수용성 식이섬유와 물에 녹지 않는 불용성 식이섬유가 있다. 수용성 식이섬유의 종류에는 펙틴, 검, 베타글루칸 등이 있으며 소화 과정 중 만나는 산(acid) 성분과 만나 겔(gel) 형태로 변화한다. 겔(gel)화된 수용성 식이섬유는 소화과정을 느리게 하여 포만감을 주며, 포도당 흡수 속도를 조절하여 혈당을 조절하고, 소장에서 콜레스테롤과 결합하여 배출됨으로써 혈중 콜레스테롤 수치 감소에 도움을 줄 수 있다. 불용성 식이섬유의 종류에는 셀룰로스(cellulose), 헤미셀룰로스(hemicellulose), 리그닌(lignin)이 있는데, 이들은 동물의 소화효소로는 소화되지 않아 대장에서 장 내 미생물의 먹이가 되어 발효하면서 단쇄지방산(아세트산, 뷰티르산, 프로피온산)을 생산하여 장 내 유익균의 성장에 적합한 환경을 조성하여 장 내 환경을 개선하고 신체의 대사 및 면역 기능에 중요한 역할을 한다.

글리코겐(glycogen)은 동물체 내 탄수화물의 공급이 충분한 경우 포도당을 일련의 효소반응을 통해 저장 형태로 전환한 경우이다. 동물의 간(2~10%)과 체 내 전반에 존재하는 근육(1~2%)에 풍부하게 존재한다. 저장된 글리코겐은 체 내 혈당이 떨어진 경우 일정한 혈당을 유지하기 위해 근육에서 효율적으로 전환하여 사용된다.

키틴(chitin)은 다당류 중 질소를 함유한 탄수화물의 종류로, 갑각류와 균류 등의 세포벽을 유지하는 물질이다. 키틴은 동물체 내에서 키틴분해효소(chitinase)에 의해 키토산으로 변환되면서 다양한 면역세포를 활성화한다. 이러한 기능을 활용하여 키틴은 사료에 불용성 식이섬유로서 첨가되고 있으며, 반려동물의 건강 증진에 도움을 줄 수 있는 영양소로 이용되고 있다.

2) 탄수화물의 소화와 흡수

탄수화물은 동물의 입(mouth)에서부터 화학적, 물리적인 소화가 시작된다. 동물이 사료를 섭취하여 입에서 씹는 물리적인 소화와 동물의 타액인 침과 섞이는 화학적 소화가 함께 일어나는데, 동물은 사료를 씹는 시간이 매우 제한적이므로 식도를 지나 위로 이동한다. 위에서는 거의 소화가 일어나지 않고, 삼킨 음식물이 위를 거쳐 소장의 십이지장에 도착하면 췌장과 소장에서 분비되는 소화효소에 의해 소화가 시작된다.

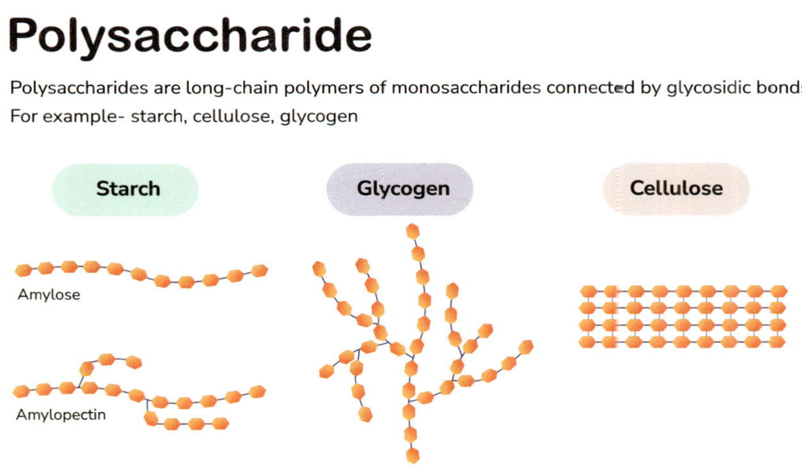

3) 탄수화물의 대사 작용

(1) 탄수화물 에너지 분자

탄수화물은 소장에서 흡수된 후 간문맥을 통해 간으로 이동하여 세포가 에너지를 생산하는 세포호흡을 통해 에너지원으로 이용된다. 이 과정에서 생성되는 대사물질을 합성하는 과정에 에너지가 필요하고(동화작용, anabolism), 에너지를 생성하기 위해 대사물질을 분해하는 과정을 통해 에너지를 획득하게 된다(이화작용, catabolism). 탄수화물은 최종산물인 포도당으로 분해되어 에너지를 얻기 위해 세포 내로 들어가 대사물질로 변환되게 되는데, 이 과정을 해당과정(glycolysis)이라고 한다.

① 해당과정

해당과정(glycolysis)은 포도당이 분해되어 에너지를 얻는 경로를 말하는데, 근육과 간을 비롯한 각 기관에서 포도당과 저장 형태의 글리코겐을 분해하여 생체 에너지 ATP(adenin triphosphate)를 얻는 과정이다. 이 과정은 세포 내에서 혐기성조건(산소가 없는 상태)에서 이루어지는 당 대사의 주요 경로로, 근육 내에 젖산, 에탄올 등이 분해되는 과정도 같은 경로를 공유한다. 해당과정의 최종산물인 피루브산(pyruvic acid)은 세포 내 소기관인 미토콘드리아로 전달하여 에너지를 생산하게 된다.

해당과정을 통해 포도당이 피루브산으로 분해되는 과정은 다음 순서에 따라 일어난다.

가. 포도당 및 글리코겐의 분해 개시(glucose -> phosphorylation, glycogen -> glucose-6-인산)

포도당은 세포 내로 이동하기 위해 인산기(phosphate)를 붙여 에너지를 생성하기 위한 세포질 내로 이동하게 된다(2ATP 소모).

나. glucose -> fructose-1,6-2인산

2개의 인산기가 붙은 포도당은 육탄당에서 삼탄당 2분자로 분해된다.

다. 삼탄당 2분자에 붙어 있는 인산기가 인산화효소의 작용으로 떨어져 나간다(4ATP 생산).

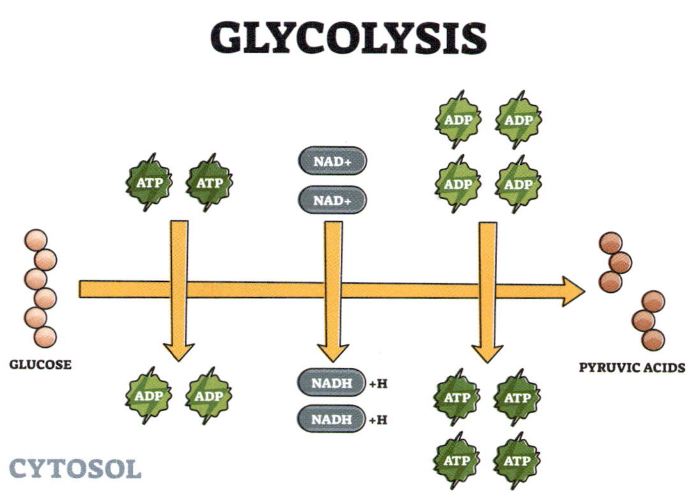

② 시트르산 회로(citric acid cycle, TCA cycle, Crebs cycle)

TCA 회로는 생체 내에서 에너지 획득을 위한 가장 효율적인 산화 과정으로, 산소가 있는 호기적 조건으로 이루어진다.

단백질이나 지방, 탄수화물에 체내에서 연소되는 경로는 TCA 회로에 의하며 각종 아미노산이나 아세트산 등도 각각 적당한 위치에서 이 회로에 개입되어 에너지 생성에 관여한다.

TCA회로에서 가장 중요한 기질물질은 아세틸 CoA이다. 아세틸 CoA는 옥살아세트산과 반응하여 구연산을 만들면서 회로가 시작되는데, 이때 아세틸CoA의 공급이 없으면 TCA 회로도 작동되지 않는다.

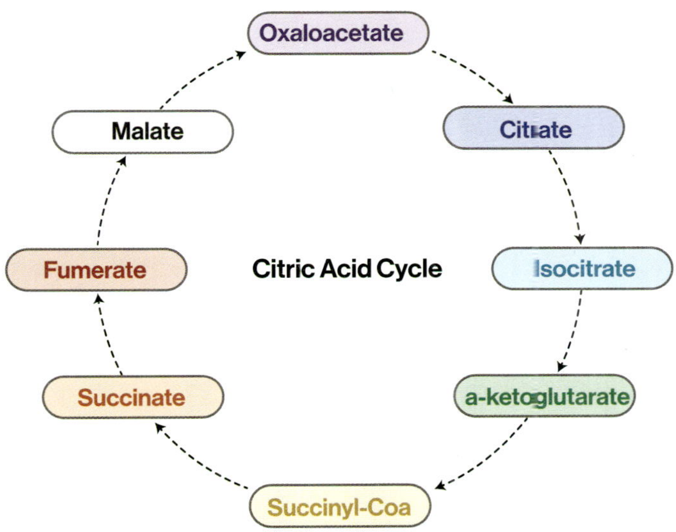

③ 전자전달계(산화적 인산화)

섭취한 영양소는 해당과정과 TCA 회로를 거쳐 ATP를 획득하는 대사 과정인 전자전달계를 통해 에너지를 생성한다. 에너지의 주요한 저장수단인 ATP는 아데노신에 인산기 3개가 달린 유기화합물로, 고에너지 결합으로 되어 있다.

산화적인산화란 인산기를 두 개 가진 ADP(adenosine diphosphate)에 인산 한 분자를 더 결합시켜 ATP를 만드는 반응을 뜻하며, 인산화 반응계에서 이루어지는 전자전달계를 거친다.

미토콘드리아 내막에 자리한 전자전달계는 전자의 전달이 NAD, NADP, FAD 등 중간 매체를 통하여 산화와 환원을 연속적으로 받으면서 전자를 산소에 이르게 한다. 전자가 중간매체를 통과할 때마다 방출되는 에너지가 ATP를 생성하는데, 중간 산물인 NADP는 3분자의 ATP를, FADP는 2분자의 ATP를 생산한다.

ELECTRON TRANSPORT CHAIN

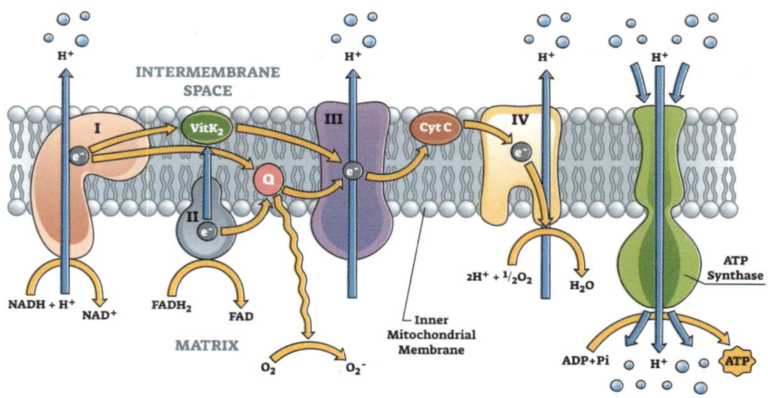

(2) 글리코겐의 합성과 분해

글리코겐(glycogen)은 동물의 간이나 근육조직의 세포 속에 저장된 동물성 탄수화물 저장형태로, 포도당의 중합체이다. 글리코겐은 ATP와 UTP(uridine triphosphate)를 소비하여 글루코오스를 저장하는 반응으로, 체내 혈당의 공급이 충분한 경우 생성된다. 간에 글리코겐 저장능력은 제한되어 있어, 동물체 필요량 이상의 포도당 공급 시 포도당은 지방으로 저장된다.

동물의 혈당은 글리코겐의 생성과 분해, 당의 소비와 당의 지방으로의 전환, 당의 배설 등을 통해 조절된다. 체내 공급되는 탄수화물이 부족한 경우, 간에 저장된 글리코겐의 분해가 일어나며, 이 과정에서 글루코오스-6-인산의 형태로 효율적인 포도당 분해 과정을 수행한다. 혈중 포도당의 충분한 공급이 일어나면 췌장의 인슐린(insulin) 호르몬이 분비되어 혈당을 낮추고, 혈당이 낮아지면 글루카곤(glucagon) 호르몬의 분비가 일어나며 글리코겐의 분해가 시작된다. 인슐린과 글루카곤은 길항작용을 통해 동물체의 혈당을 일정한 수준으로 유지시킨다.

2. 지질

1) 지방의 구조와 기능

지질은 탄소, 수소, 산소로 이루어진 유기화합물로 상온에서 고체 형태인 지방(fat)과 액체 상태인 기름(oil)으로 존재한다. 지질은 3개의 지방산(fatty acid)과 글리세롤(glycerol)의 결합체로 물에는 녹지 않고 알콜, 에테르, 벤젠 등의 유기용매에 녹는 성질을 가진다.

지질은 동물체 내에서 매우 중요한 생화학적 및 생리학적 기능을 하는 유기 분자로서 세포막의 구성성분이며, 동물 체내에서 에너지가 저장된 형태로 1g당 9kcal의 에너지를 발생하며 탄수화물의 공급이 부족한 경우 효율이 좋은 대사 연료로 사용될 수 있다.

2) 지방의 종류

지질은 구성성분에 따라 단순지질, 복합지질, 유도지질로 구분한다.

(1) 단순지질

① 중성지질

중성지질은 글리세롤 한 분자에 지방산 3분자가 에스테르 결합을 이루는 화합물로 식품이나 동물 체지방의 99%를 차지한다. 단순지질 대부분의 형태로 존재하는 중성지질의 에스터 결합은 글리세롤의 수산기(−OH)와 친수성 지방산의 카복실기(−COOH) 사이에 물 한 분자가 빠지면서 결합하며 소수성을 띄게 된다. 중성지질은 글리세롤 한 분자에 지방산 3개가 결합한 트리글리세라이드(triglyceride) 중성지질이라고 하며, 자연계에 존재하는 대부분의 지질의 형태로 동물 체내에서 에너지를 저장하기 위해 합성된다. 중성지방 외에도 글리세롤 1분자에 2분자의 지방산이 결합된 형태인 다이글리세라이드(diglyceride), 1분자의 지방산이 결합되어 있는 모노글리세라이드(monoglyceride) 등이 있고, 모노글리세라이드로 형태로 체내 흡수된다.

왁스는 글리세롤 대신 에탄올에 길이가 긴 장쇄지방산이 결합한 형태로 고체 형태로 존재하며 영양적 가치는 작으나 동물의 피부, 털 날개 등의 표면을 보호하는 기능에 중요한 역할을 한다.

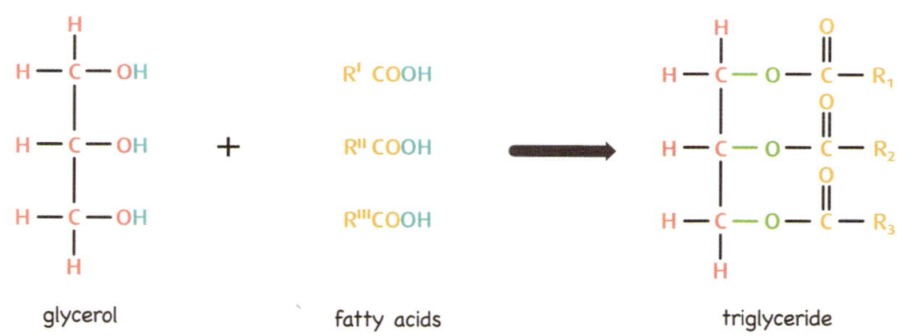

그림 1-1 중성지질의 구조

② 복합지질

복합지질은 지방산과 글리세롤 이외에 인산, 당, 황, 질소 등이 결합한 형태의 지질이다.

가. 인지질(phospholipid)

인지질은 지방산과 글리세롤 화합물에 인산 및 질소화합물이 결합한 지질이다. 친수성과 소수성을 동시에 가지고 있어 생물체 내 세포막을 구성하는 주요

성분이고, 혈액 중 지질의 운송 및 세포막을 통한 물질 교환에 매우 중요한 역할을 한다.

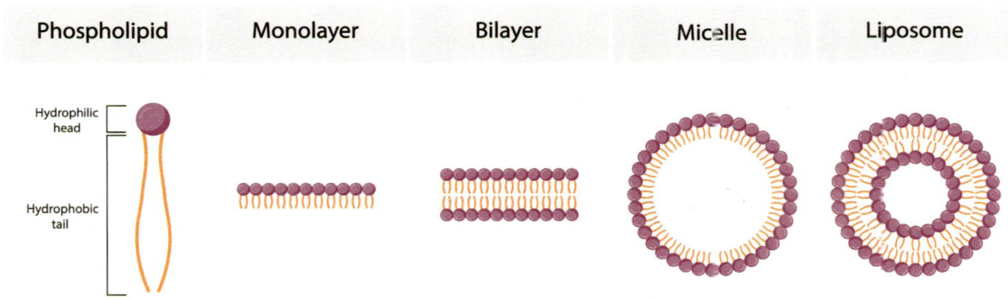

그림 1–2 인지질의 구조

나. 당지질(glycolipid)

1분자의 지방산에 스핑고신, 탄수화물, 질소를 함유하는 지질이다. 뇌와 신경 조직에서 많이 존재한다.

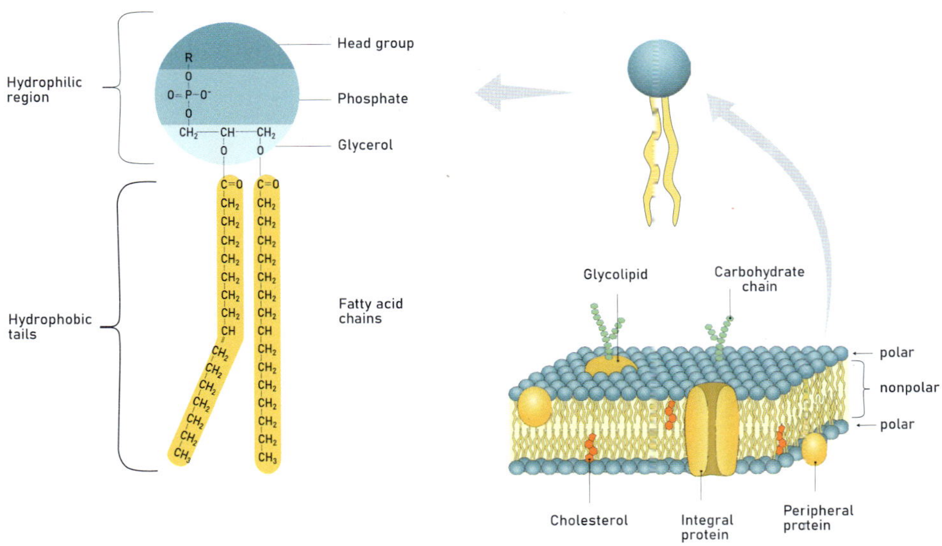

그림 1–3 당지질의 구조

다. 지단백질(lipoprotein)

지질에 단백질이 결합한 화합물로, 혈액 내 지방을 간과 근육 등의 기관으로 흡수, 이동 등의 체내 운송에 중요한 역할을 한다. 지단백질의 종류에는 카일로마이크론(chylomicron), VLDL(very low density lipoprotein), LDL(low density lipidprotein), HDL(high density lipidprotein) 등이 있다.

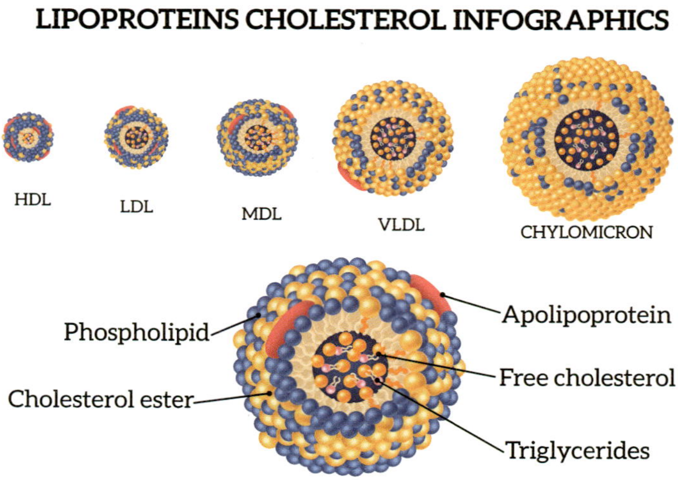

그림 1-4 지단백질의 종류

라. 황지질(sulfolipid)

황산을 포함하는 지질로 동물의 간과 뇌에 많이 존재한다. 동물체 내에 낮은 농도로 존재하나, 신경계와 세포막 기능 유지에 중요한 역할을 한다.

③ 유도지질

단순지질과 복합지질의 가수분해로 생성된 물질로 지방산, 탄화수소, 스테롤, 지용성비타민, 케톤체 등이 있다. 이 중 스테롤은 동물의 생리작용에 중요한 역할을 하는데, 콜레스테롤과 담즙산, 부신호르몬과 성호르몬의 재료로 쓰이는 전구물질이 된다.

(2) 지방산의 분류

지방산은 지질에 있어 영양적으로 가장 중요한데, 탄소수가 2~24개까지 다양하며 동물과 식물에 존재하는 지방산은 12~20개인 경우가 많다. 분자 구조 내 이중결합에 따라 이중결합이 없는 탄소수는 포화지방산, 이중결합이 있는 탄소수는 불포화지방산으로 분류한다. 포화지방산은 탄소수가 대개 10개 이상으로 이루어져 있는데, 이로 인해 물에 녹지 않고 융점(고체가 액체 상태로 바뀌는 온도)이 높은 특징을 가진다. 불포화지방산은 분자 구조 내 이중결합이 1개 이상이 있고 포화지방산에 비해 융점이 낮아 실온에서 액체 상태로 존재한다. 불포화지방산의 이중결합은 분자구조에 꺾임을 유발하며 매우 불안정하여 산화가 되기 쉬워 지방 가공 중에 트랜스형 지방이 발생하기 쉽다.

지방산 내 탄소수에 따라 5개 이하는 짧은 사슬 지방산(단쇄지방산), 6~12개의 탄소를 가진 중간사슬 지방산(중쇄지방산), 13~21개의 탄소를 가진 긴사슬 지방산(장쇄지방산), 22개 이상의 매우 긴사슬 지방산으로 분류된다.

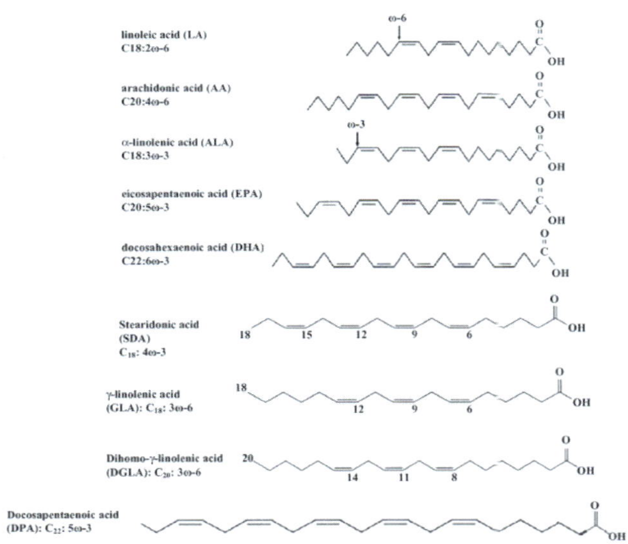

그림 1-5 지방산의 종류

출처: Elahe Abedi et al., Long-chain polyunsaturated fatty acid sources and evaluation of their nutritional and functional properties, Food science & Nutrition, 2014

(3) 필수지방산

필수지방산은 세포막의 구조 유지와 정상적인 생리적 과정을 유지하는 데에 필요한 필수 영양소로, 동물체 내에서 합성이 되지 않아 반드시 식이로 보충해야 한다. 종류로는 오메가-3 계열과 오메가-6 계열 지방산이 있다. 지방산을 구성하는 탄소는 메틸기를 기준으로 번호를 1번부터 매겨 n개의 맨 마지막 탄소를 오메가(w)라고 명명하며, 메틸기의 첫 번째 탄소부터 세 번째 탄소에 이중결합이 있으면 오메가-3 지방산(n-3), 여섯 번째 탄소에 이중결합이 있으면 오메가-6 (n-6) 지방산(n-6)으로 분류된다.

오메가-3 지방산은 리놀렌산(Linolenic acid), EPA(에이코사펜타엔산, Eicosapentaenoic acid), DPA(도코사펜타엔산, Docosapentaenoic acid), DHA(도코사헥사엔산, Docosahexaenoic acid)가 있으며, 리놀렌산은 EPA와 DHA로 변환된다. EPA는 프로스타글란딘(Prostaglandin), 트롬복산(Thromboxane), 류코트리엔(leukotriene)의 전구물질로 이들은 항염증, 항산화, 항암 작용에 효과가 있는 것으로 알려졌고, DHA는 뇌세포와 망막세포의 기능에 중요하다. 결핍 시에 성장저하, 감염 증가, 성 성숙 지연 및 번식 장애, 피모 불량 및 피부병 유발, 세포막 손상이 나타날 수 있어 반드시 식이로 보충되어야 한다.

오메가-6 계열은 리놀레산(Linoleic acid)과 아라키돈산(Arachidonic acid)이 있다. 리놀레산은 번식과 피부 및 피모의 건강에 중요하고, 아라키돈산은 염증과 관련된 생리활성물질(Eicosanoid)을 합성한다. 오메가 3와 오메가6는 1:4의 비율로 섭취되는 것이 좋은데, 오메가6는 과다 섭취할 경우 생리활성 물질을 과도하게 합성하여 알레르기, 염증 유발이 나타날 수 있다.

개는 리놀레산과 리놀렌산으로부터 아라키돈산, EPA, DHA를 충분히 합성할 수 있는 반면, 고양이는 리놀렌산을 EPA와 DHA로 변환하는 δ-desaturase 효소 활성이 낮아 식이에 아라키돈산과 EPA, DHA의 형태로 필수지방산을 공급해야 한다. EPA와 DHA는 고양이의 성장을 위해 필요한 필수지방산으로 리놀레산과 균형을 이룬 식이 공급이 고양이 건강 유지에 매우 중요하다.

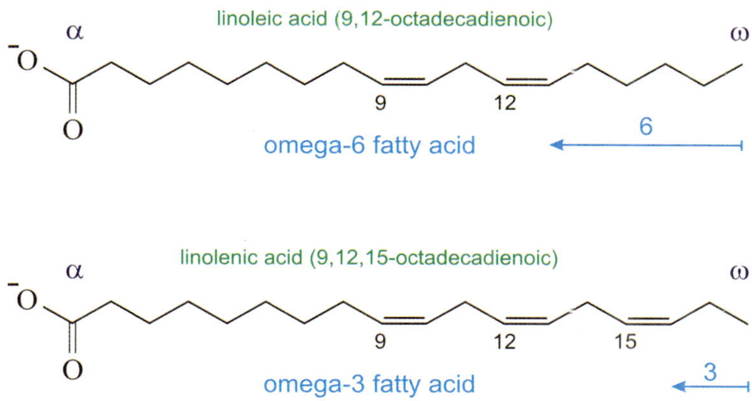

그림 1–5 오메가–3, 오메가–6 지방산의 명명법

출처: https://glossary.periodni.com/glossary.php?en=omega-3+fatty+acids

3) 지질의 기능

(1) 에너지 공급 및 저장

지질은 탄수화물이나 단백질보다 발생하는 열량이 2배 이상 높고, 수분이 적어 에너지 효율이 높은 에너지 공급원이다.

(2) 세포막의 구성성분

지질은 세포막의 구성성분으로 인지질, 당지질, 콜레스테롤 등이 세포막의 이중 막을 구성하고, 친수성과 소수성을 함께 띠는 양극성의 성질을 갖도록 하여 세포의 안정성을 제공한다.

(3) 필수지방산 및 지용성 비타민 공급

필수지방산은 동물 체내의 성장, 유지, 활동에 반드시 필요하지만 체 내에서 합성되지 않거나 그 양이 요구량에 못 미쳐 동물이 사료를 통해 필수적으로 섭취해야 하는 지질이다. 지질은 소화과정에서 지용성 비타민의 흡수를 촉진할 수 있다.

(4) 체온 조절 및 보호 기능

동물 체내에 축적된 지질은 피하에 저장되어 체온을 유지하고 외부의 충격으로부터 장기를 보호한다.

4) 지질의 소화 흡수 및 체내 운송

(1) 지질의 소화와 흡수

동물이 사료로 섭취되는 지방은 주로 중성지방 형태로 소화효소 리파아제는 혀 밑과 위장에서 분비되어 젖을 먹는 유아기 동물의 지방 소화에 매우 중요한 역할을 한다. 식이로 섭취한 지방은 소장에서 분비되는 소화효소(췌장 리파아제)와 담낭에서 분비되는 담즙산염에 의해 유화작용을 거쳐 미셀(micelle)의 형태로 소장의 융모 표면에서 흡수된다. 흡수된 지질은 소장 세포 내의 소포체(endoplasmic reticulum) 에서 다시 중성지방과 콜레스테롤 에스터, 인지질로 재합성되어 카일로마이크론의 형태로 림프계를 거쳐 혈액 중으로 이동하게 된다. 혈액 내의 지방은 지단백질에 의해 운송된다. 지단백질은 지질에 아포지단백질이 결합된 복합체로 복합체 내의 지질 밀도에 따라 카일로마이크론, 초저밀도지단백질, 저밀도지단백질, 고밀도지단백질로 분류된다. 카일로마이크론은 사료를 통해 섭취한 지질을 장관 내에서 체내 근육, 지방 조직 등으로 운반하는 역할을 하며, VLDL은 혈액 내 순환하는 지질을 근육과 지방조직의 모세혈관에 운반한다. 이 과정 중에 운송하는 지질의 양이 줄어들면 LDL, 지단백질의 양이 많은 상태를 HDL이라고 한다.

지질의 대사 장애는 유전적 차이, 환경변화, 섭취한 음식의 양과 성분의 차이에 기인한다. 고지방, 고콜레스테롤 음식을 지속적으로 섭취하면 간에서 지단백질의 합성 속도가 낮아져서 간에 지방이 축적되고 지방간이 생성된다. 고양이는 48시간 이상 절식하는 경우 간으로 지방산이 유입되는데, 이로 인해 지방간이 유발되기도 한다. 동물 체내에서 긴사슬지방산에 비해 짧은사슬지방산과 중간사슬지방산의 소화 흡수가 빨라 주 에너지원으로 이용될 수 있으나, 이 경우 고양이는 간으로 유입되는 지질의 양이 증가하여 간 손상을 유발할 수 있으므로 주의해야 한다.

3. 단백질

1) 단백질의 구조와 기능

단백질은 탄소(C), 수소(H), 산소(O), 질소(N)로 구성된 고분자 유기물로, 동물의 체내 모든 세포의 구성성분으로 각종 효소, 호르몬 및 근육단백질 구성, 면역기능 및 체내 항상성 유지 등의 기능을 수행한다. 단백질의 기본단위는 아미노산(amino acid)으로, 여러 종류의 아미노산이 펩타이드 결합(peptide bond)으로 연결되고. 다양한 배열과 화학적 상관관계에 따라 입체적 구조를 이루어 고유의 기능을 수행한다.

단백질의 기능은 다음과 같다.

① 단백질은 동물세포의 구성성분으로 생물학적 구조를 견고하게 하고 보호하는 능력을 가지고 있다.

② 단백질은 생명체의 기본물질로, 노쇠된 조직의 대치나 새로운 근육조직의 형성을 위해 없어서는 안 될 물질이다.

③ 단백질은 효소의 주성분으로, 생체 내의 유기생체븐자의 화학반응을 촉매한다. 유전현상 및 생명현상에 관여하는 기본물질이다.

④ 단백질은 운반단백질로 기능한다. 헤모글로빈의 주성분으로 산소를 세포로 운반하며, 지질을 운반하고, 세포막을 통하여 글루코오스, 아미노산 등을 수송하기도 한다.

⑤ 영양 및 저장단백질의 기능을 하며, 핵단백질의 구성성분이다.

⑥ 항체의 주성분으로 생체의 방어 기능을 하며, 세포의 활성이나 생리작용을 조절하는 기능을 하기도 한다.

⑦ 단백질은 우유, 달걀, 고기 등이 주요 급여원이다.

2) 단백질의 분류

단백질은 분자구조에 따라 단순단백질(simple protein), 복합단백질(conjugated protein) 및 유도단백질(inducible protein)로 구분된다.

단순단백질은 아미노산만으로 구성된 단백질로 하나 이상의 폴리펩타이드 결합을 가지고, 고유한 기능을 수행한다. 복합단백질은 아미노산 외 당, 지질, 단백질의 복합체나 금속이온이 결합된 형태의 단백질로 종류에는 당단백질(glycoprotein or protein-carbohydrate complex), 지단백질(lipoprotein or protein-lipid complex), 금속단백질 등이 있다.

유도단백질은 단백질이 가수분해, 산, 염기, 효소 등의 다양한 작용에 의해 생긴 2차적 산물을 말하며, 젤라틴, 펩톤 등이 있다.

표 1-1 단백질의 분류

종류	특성
단순단백질	• 알부민: 혈액, 달걀, 우유 등에 존재, 체내 수분 균형 유지와 영양소 운반에 중요한 역할을 수행, 수용성으로 열에 의해 변성됨. 혈청알부민은 혈액이 응고되고 남은 투명한 혈장의 60%를 차지하는 단백질 • 글로불린: 혈장단백질로 면역반응에 관여함 • 글루텐: 식물종자에 함유된 글루텔린과 물과 혼합되어 형성되는 단백질로 다량의 글루탐산을 함유하고 있음 • 콜라겐, 엘라스틴: 결합조직으로 뼈와 연골을 구성하는 단백질 • 케라틴: 머리털, 손톱, 피부, 뿔, 깃털 등을 구성하는 단백질로 단단하고 분해가 어려움
복합단백질	• 당단백질: 단백질에 당이 결합된 형태, 세포간의 신호전달에 중요한 기능 • 인지질단백질: 단백질에 세포막 구성성분
유도단백질	• 1차 유도단백질: 약한 산, 알칼리, 열 등의 작용으로 분해된 단백질 • 2차 유도단백질: 단백질이 강하게 분해되어 아미노산, 폴리펩타이드 등으로 변환된 형태(예: 펩톤, 펩타이드)

3) 단백질과 아미노산

아미노산은 단백질의 기본단위로, 펩타이드 결합에 의하 연결되어 생명현장을 관장하는 중요한 기능을 한다. 아미노산은 아미노기(-NH_2)와 카복실기(-COOH)를 가지며, 아미노산 각각은 서로 다른 화학적 성질과 기능을 가진다. 아미노산은 수용성으로, 한 아미노산의 아미노기와 연결되는 카복실기가 공유결합으로 연결되며, 가수분해로 분해된다. 아미노산의 종류는 23가지로 모든 동물의 체 내에서는 23개의 아미노산이 무한한 다양성으로 조합되어 피부, 털, 근육, 호르몬, 항체 등을 생성하고, 생체 내 다양한 기능을 담당한다.

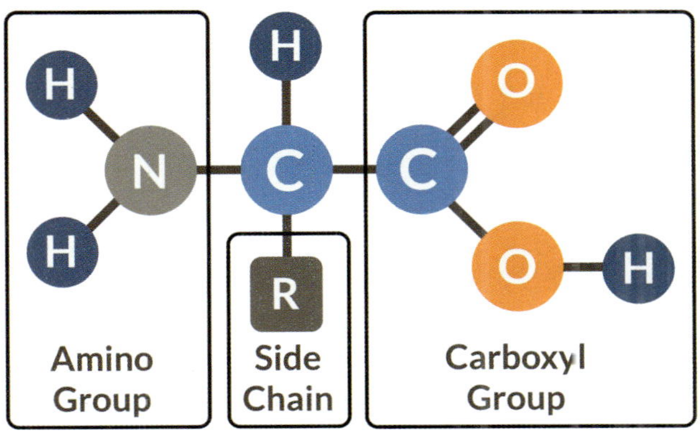

그림 1-6 아미노산의 구조

출처: https://www.reagent.co.uk/blog/what-are-amino-acids/

동물성 단백질을 구성하는 아미노산들은 동물의 체 내에서 필요한 만큼 충분히 합성될 수 있는 비필수아미노산(Nonessential or dispensible amino acid)과 체 내에서 합성되지 않거나 합성이 되더라도 요구량을 충족시키지 않을 만큼 충분하지 않는 경우 외부로부터 공급되어야 하는 필수아미노산(Essential or indispensible amino acids)으로 구분된다.

(1) 필수아미노산

필수아미노산은 반려동물의 체내에서 자체적으로 합성될 수 없거나 합성되더라도 생리적 필요량을 충족시킬 만큼 합성되지 않는 아미노산으로 반드시 사료와 식이를 통하여 공급해 주어야 한다.

반려동물에게 필요한 단백질과 이를 구성하는 아미노산은 정상적인 성장 및 생산능력을 유지하기 위하여 반드시 사료로 공급해 주어야 한다. 자견은 약 10종의 필수아미노산이, 성견은 9종의 아미노산이 필요하다.

필수 아미노산 중 히스티딘은 다양한 신경활성 전구체 합성에 관여하는 영양소로, 결핍 시 식욕부진과 체중감소를 유발한다. 트립토판은 자묘(새끼 고양이)의 식이섭취와 관련한 영양소로 결핍 시 식이 섭취량이 감소한다. 페닐알라닌은 비필수아미노산인 타이로신과 함께 결핍되는 경우 자묘의 축삭 돌기 퇴화, 수초붕괴를 야기하여 걸음걸이가 불안정하고, 꼬리가 앞으로 구부러지며, 과민 반응, 발성, 과도한 유연성 등의 신경질환을 유발한다.

양질의 단백질은 소화효율이 높고 반려동물에게 필요한 필수 아미노산이 적절한 비율로 함유되어 있는 형태를 말한다.

(2) 비필수아미노산

반려동물이 음식을 통하여 섭취하지 않아도 체내에서 충분히 합성될 수 있는 아미노산이다.

표 1-2 필수아미노산과 비필수아미노산

필수아미노산		비필수아미노산
개	고양이	
아르지닌(arginine)	아르지닌(arginine)	글라이신(glycine)
라이신(lysine)	라이신(lysine)	알라닌(alanine)
트립토판(tryptophan)	트립토판(tryptophan)	세린(serine)
히스티딘(histidine)	히스티딘(histidine)	아스파르트산(aspartic acid)
페닐알라닌(phenyalanine)	페닐알라닌(phenyalanine)	글루탐산(glutamic acid)
류신(leucine)	류신(leucine)	프롤린(proline)
이소류신(isoleucine)	이소류신(iso eucine)	히드록시프롤(hydroxyproline)
트레오닌(threonine)	트레오닌(threonine)	시스테인(cysteine)
메티오닌(methionine)	메티오닌(methionine)	티로신(tyrosine)
발린(valine)	발린(valine)	아스파라긴(asparagine)
	타우린(taurine)	글루타민(glutamine)

(3) 개와 고양이의 필수 아미노산

반려동물은 아미노산 중 아르지닌이 단백질 대사에 매우 중요한데, 아르지닌이 부족하면 요소회로가 정상적으로 작동하지 않아 체내 암모니아 농도가 높아질 수 있고, 요로결석의 발병 위험이 높아진다.

타우린은 고양이에게 필수적인 아미노산이다. 개는 메티오닌과 시스테인으로부터 타우린을 합성하여 있으나, 고양이는 체내에서 필요한 만큼 합성할 수 없기 때문에 반드시 식이를 통해 공급되어야 하는 필수영양소이다. 타우린 결핍이 4개월 이상 지속될 경우 망막의 광수용체가 퇴화되어 실명이 일어날 수 있고, 심장근육의 운동, 건강한 번식과 태아성장 및 생존유지에 필요한 영양소이다. 타우린은 고기, 달걀, 생선 등의 동물성 단백질로만 공급될 수 있다.

고양이는 육식동물로 단백질 요구량이 개와 비교하여 상대적으로 높은 편이다. 고양이는 탄수화물에 대한 이용성이 떨어져 단백질과 지방만으로 열량을 체내에 공급해주어야 하기 때문이다.

4) 단백질의 체내 기능

단백질은 반려동물 체내에서 근육, 피모 등과 같은 구조물 조직을 생성하는 기능과 효소, 호르몬, 항체 등과 같은 기능물질의 주성분으로 유전 및 생명현상 유지에 관여하는 기능을 한다.

(1) 구조단백질

단백질은 세포막, 세포질 및 모든 세포소기관을 포함한 모든 세포의 구성성분으로 신체조직의 성장과 유지에 매우 중요한 역할을 한다. 피부, 털, 근육조직, 혈액응고효소, 혈액수송, 지단백질 및 로돕신(rhodopsin) 구성, 골격의 내부조직을 형성하는 단백질 기질(protein matrix) 등을 형성한다. 특히 자견(자묘)의 성장기, 임신 및 수유기에 단백질이 많이 요구되며 일단 형성된 체조직 구성 단백질이라도 계속 퇴화, 재생되므로 매일 일정량의 단백질이 계속 공급되어야 한다.

반려동물에게 단백질이 부족할 경우 성장이 지연되거나 체내의 기능을 유지하기 위해 다른 조직성장의 단백질을 분해하여 사용하기 때문에 성장이 감소하는 경우도 발생한다.

(2) 면역기능 형성

단백질은 면역체계에서 사용되는 세포들의 주요성분을 구성하며, 항체로 작용하여 질병에 대한 저항력을 가지게 한다.

반려동물의 항체는 세균, 바이러스 등 다른 미생물로부터 스스로를 보호하기 위하여 단백질에 의해 만들어진다. 적당량의 단백질 섭취는 질병을 방어하기 위해 충분한 항체를 형성하는 데 이용된다.

(3) 효소 및 호르몬의 구성성분

단백질은 효소 및 호르몬의 주성분이며, 유전인자를 구성하는 성분으로 소화, 생리 및 대사 작용을 조절한다. 체내 화학적 신호를 전달하는 호르몬을 합성하여 특정 조직이나 기관에서 혈액 내로 분비되어 표적 기관에 특이성을 가지고 반응한다. 단백질로 합성되는 호르몬을 단백질호르몬, 펩타이드호르몬이라고 하는데 혈당 조절(인슐린, 글루카곤), 성장호르몬 및 기타 소화기관 내의 호르몬으로 체내 대사를 조절한다.

(4) 포도당 생성 및 에너지원 공급

적혈구와 신경조직에 충분한 에너지를 공급하기 위하여 혈류에 항상 일정량의 혈당(포도당)을 유지해야 한다. 섭취하는 사료로 충분한 탄수화물이 공급되지 않을 경우 간과 신장에서 포도당을 만들기 위하여 아미노산을 대사한다. 또한 대부분의 세포에서는 탄수화물과 지방을 에너지원으로 먼저 사용하지만, 신체에 필요한 에너지가 충분히 공급되지 않는 경우 단백질이 에너지원으로 이용된다. 이 경우 신체에서 근육과 같은 조직을 파괴하여 에너지로 사용하기 때문에 근육이 약해지고 조직이 파괴된다.

(5) 수축성 단백질

수축성 단백질(contratile protein)은 동물이 운동을 수행하기 위한 근육단백질로 액틴(actin)과 마이오신(myosin)이 있다. 이들은 근육의 수축과 이완을 반복하는 구조적 역할과 심장근, 장벽 근육, 혈관 근육으로 기능한다.

(6) 운송단백질

단백질은 체내에서 여러 물질들을 운송하고 세포 수준에서 세포막에 있는 단백질은 포도당과 아미노산이 세포 내로 유입될 수 있도록 도와준다. 단백질은 혈액 헤모글로빈의 주성분으로 철분을 함유하여 조직의 산소를 운반하고 체내 탄산가스를 운반하여 배출한다. 혈액 중의 혈장은 수분조절과 삼투압을 유지하고, 세포내액의 산과 염기의 균형 조절을 위한 완충제 역할과 소장점막에서 소화관에서 혈관으로 아미노산을 흡수하도록 이동시키는 역할을 한다.

지단백질(lipoprotein)은 장과 간에서 유입된 지방을 체세포로 운송하는 역할을 하며, 이 때 지질과 함께 흡수되는 비타민 A의 경우 단백질이 결핍되면 사료로 비타민 A를 보충하더라도 결핍 증세가 회복되지 않는다.

5) 단백질의 대사와 이용

(1) 아미노산의 분해 및 이용

단백질은 소화과정을 통해 소장에서 아미노산으로 분해되어 체단백질 합성이나 기타 질소화합물을 합성하여 체조직의 합성, 노쇠한 조직의 대체 등에 이용된다. 소장에서 흡수된 아미노산은 간문맥을 통하여 간으로 이동하고 혈장단백질, 간 조직 형성 등을 위한 아미노산풀을 형성하고, 혈액을 통해 신체 각 조직에 운반된다.

단백질에 함유된 질소는 대사 과정에서 탈아미노반응이나 아미노기 전이반응을 통해 분해되고 이용된다. 탈아미노반응이 일어나면 탄산가스와 물로 분해되어 에너지 발생에 이용되거나, 글리코겐으로 저장되거나 체지방합성에 이용된다. 대사 과정에서 분해된 질소는 체내 수분과 결합하여 암모니아로 존재하는데, 간에서 요소로 전환되어 신장을 통해 배설되거나 비필수아미노산 합성에 이용된다.

(2) 단백질의 품질

단백질의 품질은 생물가(biological value: BV)하고 하며, 필수아미노산의 수와 양에 따라 달라진다. 단백질의 생물가는 단백질을 어떻게 섭취, 소화, 이용하는지에 따라 결정된다.

반려동물의 사료 제조 과정에서 단백질을 가공하는 온도는 단백질의 구조에 변화를 일으키는 변성을 유발하며, 가공 온도에 따라 소화율을 개선하고, 아미노산의 영양 가치와 관계가 있다.

단백질은 특정 미네랄(칼슘과 인)의 소화와 흡수에 영향을 미치고, 미네랄의 구성은 단백질 이용률에 영향을 준다. 적절한 비율의 단백질과 미네랄 함량은 반려동물 사료의 품질을 결정한다.

(3) 반려동물 사료에서의 단백질 공급원

단백질의 공급원이 동물성과 식물성인지에 따라 아미노산의 구성이 다르다. 개와 고양이에게 동물성 단백질은 완전한 아미노산의 구성을 가지고 있고 그 공급원은 육류, 생선, 달걀, 유제품 등이 있다.

식물성 단백질은 반려동물 사료에 주요한 단백질 공급원으로 이용되며, 대두박, 대두분말 등이 가장 많이 이용된다. 그러나 아미노산의 구성이 완전하지 않아 반려동물이 필요로 하는 타우린, 아르지닌, 메티오닌, 라이신, 트립토판 등의 아미노산 공급원이 될 수 없다.

6) 단백질 요구량

개와 고양이의 단백질 요구량은 연령, 체중, 활동량, 생리적 상태 등에 따라 달라진다. 체내 단백질 요구량에 영향을 미치는 인자는 단백질의 품질, 아미노산의 합성량, 단백질의 농도, 에너지 농도로, 이들 요소가 높을수록 단백질 요구량은 감소한다,

7) 단백질 이용률(protei efficiency ratio:PER)

단백질 이용률은 단백질의 영양적 가치를 평가하는 지표로, 특정 단백질 섭취 시 체중 증가에 기여하는 정도를 측정한 양이다. PER은 필수아미노산의 구성과 소화율이 높을수록 이용률이 높아지며, 동물성 단백질이 식물성 단백질보다 이용률이 높다.

3절 6대 영양소-Part2. 비타민, 미네랄, 수분

1. 비타민

반려동물의 비타민은 조효소(coenzyme)의 구성인자로 탄수화물, 단백질, 지방의 정상적인 대사에 필수적이다. 대부분의 비타민은 체내에서 합성될 수 없으므로 식이를 통해 섭취해야 하며, 생애 주기에 따라 요구량이 다르다. 비타민 요구량은 급여되는 사료의 영양성분에 의해 공급량을 조절해야 하는데, 사료에 함유된 에너지와 단백질 함량, 지방과 불포화지방산의 함량, 섬유질의 함량이 높을 경우 비타민의 요구량도 높아진다. 이와 함께 동물이 질병의 상태에 있는 경우나 환경에 기인한 스트레스 상태일 때에도 비타민 요구량이 증가한다. 사료 내 함유된 에너지와 단백질 함량이 낮거나, 효소와 비타민 B군의 함량이 높은 사료의 경우 비타민 요구량은 감소한다.

1) 지용성 비타민

지용성 비타민은 지질과 함께 대사되는 비타민의 종류로 비타민 A, D, E. K가 있다. 조효소로서의 기능은 없으나, 면역기능과 동물체의 성장과 조직 구성, 혈액 응고, 항산화제로서 기능한다.

(1) 비타민A

비타민A는 체내 활성물질이 레티놀(retinol)로, 반려동물의 성장, 시작, 피부와 모질의 구조와 기능, 점액막 유지에 필수적이다. 공급원은 간, 생선 기름, 달걀노른자 등의 동물성 식이이며, 식물에서는 베타-카로틴을 이용하여 체내에서 합성할 수 있다. 베타카로틴은 당근과 색깔이 있는 야채에 함유되어 있고, 고양이의 경우 베타-카로틴의 합성 능력이 발달하지 않아 식이를 통해 공급해야 한다. 노령동물의 경우 베타-카로틴이 항체 형성을 촉진하는 것으로 알려졌다.

비타민 A는 과잉 함유된 원료의 섭취로 인해 간 손상 및 뼈 질환 등이 유발될 수 있으며, 결핍은 흔하지 않다.

(2) 비타민D

비타민D는 소장에서 칼슘 신진대사에 필수적이며 성장, 칼슘과 인의 이용, 뼈의 침착을 위해 필요하다. 간과 신장에서 신진대사에 의해 활성화되며, 식물성과 동물성에 따라 몇 가지 형태로 존재한다.

비타민D는 동물의 간, 신장, 생선 기름, 달걀 등에 함유되어 있으며 사료를 통해 소장에서 흡수된다. 반려동물은 피부에서 비타민D를 합성하는 전구체인 7-디하이드로콜레스테롤의 양이 부족하고 털과 모색으로 인해 자외선 조사로 인한 비타민D 합성이 거의 되지 않는다. 비타민D의 과잉은 고칼슘혈증, 연조직 석회화 등이 있으며, 자견(자묘) 시기에 결핍이 발생할 경우 구루병과 골격질환을 유발할 수 있다.

(3) 비타민E

비타민E는 항산화제와 면역체계를 보조하는 역할을 한다. 비타민E는 식물성 기름, 동물의 간, 달걀, 소맥 배아 기름, 우유 및 버터 등이 공급원이다. 비타민E 결핍 시 개는 퇴행성 뼈 질환이 유발된다. 고양이는 오메가-3 등의 식이성 다가 불포화지방산의 과량 섭취 시 비타민E 결핍 증상이 유발된다. 비타민E와 관련한 중독 증상은 고양이의 경우 통증성 피부 결절이 형성되는 지방조직염(steatitis)와 심근염, 근염이 알려져 있다.

(4) 비타민K

비타민K는 혈액 응고에 중요한 인자로, 녹색 잎채소 등이 주요 공급원이다.

개와 고양이는 정상적인 건강 상태를 가진 경우 장내 세균에 의해 비타민K가 합성되어 충족되므로 결핍은 드물다.

반려동물의 지용성 비타민 권장량은 AAFCO, FEDIAF의 지침을 따른다.

개				
	비타민A	비타민D	비타민E	비타민K
AAFCO	1500 RE	500 IU	50 IU	–
FEDIAF	1860 RE	556 IU	36 IU	–
고양이				
AAFCO	1500 ug	500 IU	30 IU (1)*	0.1 mg (2)**
FEDIAF	1345 RE	333 IU	51 IU	

* 개 사료: 3500 kcal/kg을 함유한 사료의 1kg당 기준
* 고양이사료: 4000 kcal/kg을 함유한 사료의 1kg당 기준
*(1) 다량의 어유를 함유한 사료의 경우 비타민E가 추가로 필요함
**(2) 생선 25% 함유 사료의 경우, 그 외에는 추가 공급이 필요하지 않음
출처: Guids and Manuals, AAFCO, updated 2024
Nutritional guidelines, 2024, FEDIAF

2) 수용성 비타민

수용성비타민은 비타민B군과 C로, 탄수화물, 단백질, 지방 대사의 조효소로 기능한다. 수용성비타민은 지용성비타민과 달리 혈액 내에서 용해되어 소변을 통해 배설된다. 개와 고양이는 당을 통해 비타민C를 통해 합성할 수 있으며, 식이를 통해 공급해야 하는 유일한 필수 수용성 비타민은 비타민B이다. 비타민B 급여원은 동물의 내장, 곡물의 씨앗, 효모에서 얻을 수 있으나, 비타민B12의 경우 동물성 공급원에서만 얻을 수 있다.

(1) 비타민 복합체

비타민B 복합체는 9가지 종류로, 에너지 대사와 조직합성에 관여하는 특정 세

포 효소의 조효소 역할을 한다. 조효소는 효소와 함께 특정 반응이 일어나는 현상을 유발한다. 비타민B 복합체 중 티아민(탄수화물 대사), 리보플라빈(탄수화물, 지방, 단백질 대사), 니아신(탄수화물, 지방, 단백질 대사), 피리독신(아미노산 대사), 판토텐산(Coenzyme 주요성분, 에너지 대사), 비오틴(에너지 대사)은 다량 영양소의 에너지 대사에 관여하며, 엽산(태아의 신경관 발달 조절), 코발라민(적혈구 형성), 콜린(세포 유지와 성장 및 혈액 세포 합성)은 신경계 건강과 뇌 기능 및 세포 구조 유지에 중요한 역할을 한다.

상업용 사료에는 비타민 B가 풍부하게 함유되어 있으므로 상업용 사료를 급여하는 반려동물에서 결핍은 거의 없다. 결핍은 특정 항비타민을 포함한 특정 사료를 과잉 섭취할 경우 발생한다. 달걀흰자는 날 것으로 급여할 경우 아비딘 성분에 의해 비오틴 결핍이 유발될 수 있고, 고양이에게 날생선을 급여할 경우 티아미네이즈(thiaminase)에 의해 티아민 결핍이 유발될 수 있다.

표 1-3 비타민 B 종류

종류	결핍	공급원
B1(티아민, thiamin)	중추신경계 기능 장애, 식욕감퇴, 피부질환	육류, 곡물배아
B2(리보플라빈, riboflavin)	중추신경계 기능 장애, 피부질환	우유, 내장, 야채류
B3(나이아신, niacin)	피로, 식욕감퇴, 체중감소, 피부염, 설사, 지능저하	육류, 콩류, 곡류
B5(판토텐산,pantothenic acid)	피부/모발 건강 저하, 식욕감퇴, 체중저하	육류, 간, 달걀, 콩류
B6(피리독신,pyridoxine)	빈혈, 지루성피부염, 구강 염증, 말초신경염	내장, 생선, 밀배아
B7(비오틴,biotin)	피부질환	달걀, 간, 우유, 콩류
B9(엽산,folic acid)	빈혈, 백혈구 감소	간, 내장류, 녹황색 채소
B12(코발라민,cobalamin)	빈혈	육류, 생선, 가금류
콜린(choline)	기억력 저하, 의욕 및 자발성 저하	육류, 콩, 곡물

(2) 비타민C

비타민C는 세포의 항산화 효과가 뛰어난 영양소로, 세포 회복 및 상처 치유에 기능한다. 개와 고양이는 사료에 함유된 탄수화물 양이 충분한 경우 간에서 이를 이용해 비타민C 합성이 가능한 동물로 비타민C의 추가적인 급여가 필요하지 않다. 비타민C는 아미노산을 이용한 콜라겐 합성, 카르니틴과 타이로신 합성에 조효소로서 작용하며, 신경전달물질을 합성하는 데 관여한다.

2. 미네랄(무기질)

1) 미네랄의 구조와 기능

미네랄은 유기물을 함유한 탄수화물, 지방, 단백질, 비타민 등과 달리 탄소를 함유하지 않은 무기물로, 동물 체내를 구성하고 식이 공급원에 함유되어 되어 있다. 미네랄은 영양소의 대사 과정에 중요한 역할을 하며, 체내 수분의 균형 유지하고, 골격(뼈, 치아)의 구성물, 호르몬과 효소 및 효소 활성화의 구성성분이다. 체 내 약 2~5% 정도로 존재하며 골격구조 형성, 산-염기의 균형 유지, 삼투압 조절, 세포막의 투과성 조절 등의 기능을 한다. 체내에서 대사되지 않고 에너지를 발생시키지 않으며, 체내 합성이 불가능하기 때문에 반드시 식이로 공급하여야 한다.

미네랄의 기능을 정리하면 다음과 같다.

① 구조적 기능: 다량 미네랄 중 칼슘과 인은 골격을 이루는 뼈와 치아의 주요 구성요소로, 뼈의 강도와 구조를 형성하고 정상적인 성장과 유지에 필수적인 기능을 한다.

② 신체 균형 유지: 체내 수분은 나트륨, 칼륨, 염소가 녹아있는 전해질로서 신체의 수분 균형과 산-염기 균형을 조절하는 데 중요하다. 이는 신경과 근육 기능을 조절을 통해 신체 균형을 유지한다.

③ 효소 및 호르몬 기능: 미네랄은 효소에 중요한 구성 요소로, 아연, 구리, 망간은 효소의 활성화에 필요한 금속 성분이고, 요오드는 갑상선 호르몬 합성의 중요한 재료가 된다.

④ 에너지 대사: 마그네슘은 영양소의 에너지 대사 과정에서 ATP 생성에 관련된 효소의 활성화에 중요하다.

⑤ 산소 운반: 철분은 적혈구 내 헤모글로빈의 중요한 구성요소로, 산소를 전신으로 운반하고, 미오글로빈에 함유된 철분은 근육에 산소를 저장하는 역할을 한다.

⑥ 신경 전달과 근육 수축: 칼슘, 마그네슘, 나트륨, 칼륨은 신경 전달과 근육 수축에 필수적으로, 신경 세포 간의 신호전달과 근육 섬유의 수축 및 이완 과정에 중요한 역할을 한다.

⑦ 항산화제 역할: 셀레늄은 세포 대사 과정에서 발생하는 활성산소로부터 세포를 보호하고 손상을 줄이는 역할을 한다.

2) 미네랄의 종류

체내에서 필요한 여러 종류의 미네랄 가운데 상대적으로 많은 양이 필요한 미네랄을 다량 미네랄, 적은 양이 필요한 미네랄은 미량 미네랄로 구분한다. 다량 미네랄은 칼슘(Calcium, Ca), 인(Phosphorus, P). 마그네슘(Magnesium, Mg), 나트륨(Sodium, Na), 칼륨(Potassium, K), 염소(Chloride, Cl) 등이 있다.

미네랄은 필요량 이상으로 공급될 때 중독증상이 일어날 수 있으며, 철, 구리, 크롬, 비소, 몰리브덴, 셀레늄 등이 있다. 반면, 체내 요구량보다 적은 양을 공급하는 경우에는 결핍 증상으로 성장과 발달이 지연되거나 근육위축병, 신경 과민증, 구루병 등의 질환이 유발된다. 부족 시 식이에 인위적으로 첨가하여 공급될 수 있는데, 황산철(iron sulphate), 산화망간(manganese oxide), 아셀란산나트륨(sodium selenite), 요오드산칼륨(calcium iodate) 등이 사료 제조 과정에서 정제염 성분으로 첨가될 수 있다.

미네랄은 체내에서 작용하는 기능적, 화학적 특성에 따라 서로 다른 미네랄 간에 흡수를 저해하거나(길항작용), 흡수를 촉진하거나(협동작용), 경쟁적인 흡수율을 보이는 경우가 있다. 이를 교호작용이라고 하는데, 칼슘과 인, 칼슘과 마그네슘, 구리와 철은 교호작용 관계에 있다.

(1) 칼슘과 인

칼슘(Ca)과 인(P)은 골격과 치아의 95%를 구성하는 물질로, 나머지는 연조직에 분포한다. 칼슘은 세포 간 정보 및 신호 전달에 중요한 역할을 담당하고 신경자극을 전달하고 근육의 수축과 이완 작용에 중요한 역할을 한다. 혈액의 응고에도 관여하는데 응고 단백질인 피브린(fibrin)을 합성하고, 당분해, 지방 대사에 관여한다. 칼슘은 소화과정에서 위산과의 반응을 흡수되기 쉬운 이온화의 형태가 되어 소장에서 흡수가 이루어진다. 칼슘의 흡수는 영양소의 함량과 체내에 따라 흡수가 조절되는데, 고단백식이는 칼슘 흡수를 증가시키고, 고지방식이는 칼슘 흡수를 방해한다. 혈액 중 칼슘 농도는 호르몬에 의해 조절되는데, 혈중 칼슘 농도가 낮으면 부갑상샘호르몬(PTH, parathyroid gland)이 분비되고, 혈중 칼슘 농도가 낮으면 칼시토닌(calcitonin)이 분비되어 뼈에서 칼슘의 분비 및 소장에서의 재흡수율, 신장에서의 칼슘 보유량이 조절된다.

인(P)은 칼슘과 결합하여 인산칼슘 형태로 결합하여 골격과 치아를 형성하며 에너지 대사와 활성화에 필수적이고, 유전자를 구성하는 성분이다. 세포막의 구성요소로서 인지질의 대사나 혈중 지질의 운반에 필요한 지단백질(lipoprotein)을 구성하고, 뇌와 신경 등의 기능 유지에 중요하다. 체내 완충작용과 혈액과 체액의 산–염기 평형을 조절하고, 대사 과정에서 리보플라빈 등의 비타민 조효소를 생산하고, 효소작용 조절 및 삼투압 조절, 근육의 수축 등을 관장한다. 인은 비타민D에 의해 소장에서 재흡수되고, 부갑상선호르몬을 억제한다.

칼슘과 인은 체내 존재하는 비율이 중요한 영양소로, 건강한 뼈의 성장과 유지를 위해 인과 서로 균형을 이루도록 조절하는 것이 중요하다. 성장기의 개와 고양이의 이상적인 비율은 1:1~1.5:1이다. 이 비율의 균형이 무너지면 골격 변형을 유발하고, 특히 대형견의 경우 골격 형성 시 문제를 예방하기 위해 사료 내 칼슘 함량은 약 0.8%로, 중·소형종은 1.2~1.4%로 제한되어야 한다. 칼슘의 과잉 공급은 골격 질환을 유발하고, 인이 칼슘보다 과잉 공급되는 경우 칼슘과 불용성염을 형성하여 흡수를 저해한다.

(2) 마그네슘(Magnesium)

마그네슘은 칼슘, 인과 함께 골격 대사에 중요한 역할을 하며, 신경 자극 전달, 근육 기능, 세포의 생명현상을 유지하기 위한 효소 반응에서 중요한 역할을 한다. 마그네슘은 칼슘이 체내에서 기능하는 역할과 상반된 작용을 하는데, 마그네슘은 근육을 이완시키고 신경을 안정시키는 반면, 칼슘은 근육을 긴장시키고 신경을 흥분시킨다. 마그네슘 결핍은 식욕 저하, 구토, 신경성 질환, 경련을 일으킬 수 있다. 마그네슘의 과잉 섭취는 고양이에게서 하부 요르기질환을 유발하는 스트루바이트 결석의 형성을 유발할 수 있다.

(3) 칼륨, 나트륨, 염소

칼륨(K), 나트륨(Na), 염소(Cl)는 산-염기 균형, 삼투압 유지, 세포 내외 수분 균형 유지에 필요한 미네랄로, 체액에서 전해질로 기능한다.

칼륨은 신경 전달, 근육 기능 및 체액 균형을 위해 필수적으로 결핍 시 저칼륨혈증(hypokalemia)을 유발하며 근육 쇠약, 성장 문제, 심장 장애, 무기력 증상을 초래한다.

나트륨은 신경과 근육세포의 정상적인 기능과 세포막 투과의 유지를 위해 필수적인 미네랄이다. 정상적인 개와 고양이는 나트륨 소비가 낮기 때문에 요구량 자체가 낮으나, 임신/수유기 또는 물리적인 스트레스 상터일 때 나트륨의 요구량은 약간 증가된다. 체내 나트륨 농도가 높을 경우, 동물은 수분 섭취가 증가되며 나트륨은 섭취된 수분과 함께 신장을 통해 방출된다.

염소는 나트륨과 결합되어 소금으로 공급원에 널리 존재한다. 염소는 위장에서 분비되는 위산(HCl)의 주성분으로 펩시노겐을 펩신으로 활성화하여 단백질을 분해한다. 염소와 결합된 체액의 형태인 염화물은 세포외액의 농도를 유지하는 데 중요하며 산–염기 균형에 중요한 역할을 하고 개와 고양이의 혈압과 신장 기능 유지에 중요하다.

표 1–4 다량 미네랄의 체내 기능과 공급원

다량미네랄	결핍	과잉	공급원
칼슘	골격형성이상, 골연화증, 갑상선기능항진증	골격발달 저해, 인/마그네슘과 길항작용	육류, 가금류, 뼈
인	골격형성이상, 골연화증	칼슘 부족 유발	육류, 가금류, 생선
마그네슘	연조직 석회화, 근육조직 쇠퇴	방광 내 스트루바이트 결석 형성	콩류, 곡류, 뼈 제품
칼륨	불안, 근육마비, 설사		야채, 고기, 생선, 달걀
나트륨	신장질환, 만성 설사, 저혈압	갈증, 피로, 구토, 점막 건조	염분으로 공급
염소	성장 장애, 심신 쇠약	대사성 산증 유발	염분으로 공급

(4) 미량미네랄

미량미네랄은 체내에서 다량미네랄에 비해 적은 양을 필요로 하지만, 반려동물의 건강한 기능을 위해 필수적인 광물질이다.

철(Fe)은 혈액과 근육의 산소운반 색소인 헤모글로빈(hemoglobin)과 미오글로빈(myoglobin)의 필수 구성요소로, 반려동물에게서의 결핍은 자견·자묘의 수유기가 길어질 경우 철 함량이 부족한 모유 급여로 인해 발생한다.

구리(Cu)는 적혈구 형성과 피부와 털의 정상적인 색소 형성에 필요하다. 구리 결핍은 아연과 철의 과도한 공급에 의해 유발될 수 있는데, 결핍 시 번식 기능 장애, 임신초기 태아 유산 및 털 탈색을 일으킨다. 개와 고양이에서의 구리 중독은 특정 품종(베들링턴 테리어, 웨스트 하이랜드 화이트 테리어, 도베르만 핀셔 등)

에서 유전적인 원인으로 발생하며, 대부분의 경우 드문 편이다.

아연(Zn)은 건강한 피부와 털 유지에 필요한 미량 미네랄로, 결핍 시 모발 및 피부 상태 이상, 성장 지연, 위장 장애, 생식 능력 장애 등이 나타난다. 아연은 체내 급여량이 높아도 비교적 독성이 없으며, 고칼슘 사료의 급여는 아연 요구량을 증가시킨다.

망간(Mn)은 여러 세포의 효소에 대사 반응을 촉매하는 요소로, 정상적인 뼈의 발달과 생식에도 필요한 미량 미네랄이다. 망간의 상당 부분은 미토콘드리아에 위치하여 영양소 대사를 조절하는 여러 금속 효소 복합체를 활성화한다. 개와 고양이의 망간 결핍증은 거의 없는 것으로 알려졌고, 공급원은 콩류와 통곡물 등이다.

요오드(I)는 갑상샘 호르몬의 재료 물질로, 체온조절, 번식, 성장 및 대사에 필요하다. 반려동물의 요오드 요구량은 생리 상태와 사료의 영향을 받으며, 수유 중의 모체동물은 섭취한 요오드의 약 10%가 젖으로 배출되어 요오드 요구량이 늘어난다. 생선, 달걀 및 가금 부산물은 요오드의 풍부한 공급원이다.

셀레늄(Se)은 비타민E와 함께 항산화제로 작용한다. 반려동물에서의 결핍 증상은 알려지지 않았다.

표 1-5 미량 미네랄의 체내 기능과 공급원

다량미네랄	결핍	과잉	공급원
철(Fe)	빈혈	–	내장
구리(Cu)	빈혈, 골격성장 저해	특정 품종에서 주의	간, 내장
아연(Zn)	털 탈색, 피부염, 성장지연, 생식기능 저해	–	간, 가금류, 달걀노른자, 콩류
망간(Mn)	골격성장 저해, 생식기능 저하	–	육류, 가금류, 생선
요오드(I)	성장저해, 생식기능 저해		생선, 소고기, 간

3. 물

반려동물 영양학에서 다루는 물은 크게 두 가지로 나눌 수 있다. 반려동물의 대사 작용과 관련된 물과 사료가 관련된 물이다. 물은 개와 고양이가 자유롭게 이용할 수 있는 경우가 대부분이며, 건강한 동물은 충분한 양의 물을 공급하면 스스로 섭취량을 조절할 수 있다.

1) 물과 대사 작용

물은 생존을 위한 가장 중요한 영양소이자 체액이다. 물은 동물체 내에서 60~70%를 차지하고 체액으로서의 동물체 조직의 구성 및 물 자체의 물리화학적 고유의 특성 등으로 인하여 체내에서 다양한 역할을 한다.

동물영양학에서 물의 중요한 생리적 기능은 다음과 같다.

① 물은 우수한 용매제로 조직 안에 영양물질을 운반하고 대사 과정에서 생성되는 노폐물을 배설하는 데 효과적이다.

② 물은 화학적으로 비활성 물질로, 용질의 화학적 성질을 안정된 상태로 존재하게 한다.

③ 물은 비열이 커서 영양소 산화로 생성되는 열을 효과적으로 흡수하여 급격한 체온의 상승을 막아준다.

④ 물은 증발열이 커서 체온을 발산할 수 있고, 열의 방출에도 효과적이다.

⑤ 물은 섭취한 영양소의 가수분해와 흡수를 도와주며, 불필요한 물질의 배설을 촉진하고 원활하게 한다.

⑥ 물은 체액의 주요 구성 물질이며, 모든 조직 및 기관의 관절부에서 윤활유의 역할을 한다.

2) 수분의 공급원 및 음수량

반려동물은 체외로부터 수분을 섭취함과 동시에 체외로 배설함으로써 체내 평형을 유지한다. 반려동물의 총수분 섭취량은 사료에 함유된 수분, 신진대사 수분, 식수의 세 가지 공급원에서 비롯된다.

사료에 함유된 수분의 양은 사료의 종류에 따라 다르다. 시중에서 판매되는 건식 반려동물 사료에는 약 7~12%의 수분이 함유되어 있으나, 통조림을 포함한 습식사료에서는 최대 90%의 수분이 함유되어 있다.

동물의 체내에서는 필요한 에너지를 얻기 위하여 끊임없이 산소를 필요로 하는 호기적 대사와 산소를 필요로 하지 않는 혐기적 대사 작용이 이루어진다. 호기적 대사 작용은 에너지와 함께 물이 생성되며 대사수(metabolic water)가 만들어진다. 대사수는 탄소, 산소, 수소의 구성 비율이 다른 탄수화물, 지방, 단백질 등이 대사되는 과정에서 생성되는 동물체 내 수분을 말한다. 지방 대사는 무게 기준으로 가장 많은 양의 대사 수분을 생성하고, 단백질의 이화작용은 가장 적은 양의 대사 수분을 생성한다. 대사수 생성량은 사료 영양소의 화학적 조성과 사료의 섭취량에 따라 다르지만, 동물의 일일 총수분 섭취량의 5~10%로 미미한 수준이다.

표 1-6 각 영양소 100g의 대사수 생성량

영양소	100g당 ME(kcal)	100kcal ME 당 대사수 생성량(g)	대사수 생성량(g)
탄수화물	400	15.0	60
단백질	400	10.5	42
지방	900	11.1	108

수분 섭취의 마지막 공급원은 자발적인 음수이다. 반려동물의 자발적 수분 섭취에 영향을 미치는 요인으로는 주변 온도, 사료의 종류, 운동량, 생리적 상태,

건강 상태 등이 있다. 주변 온도가 상승하고 운동량이 증가하면 체표 발열량과 호흡 증가 등으로 인해 더 많은 수분 손실이 일어나기 때문에 수분 섭취량이 증가한다. 섭취하는 에너지의 양이 증가하면 대사 과정에서 많은 노폐물이 생성되고 발생하는 열이 증가한다. 이 경우 동물체는 노폐물을 소변으로 배설하고 체온을 조절하기 위해서 수분 섭취량이 증가되고, 급여하는 식이의 종류의 수분 함유량에 따라 자발적인 수분 섭취량도 차이가 생긴다.

반려동물은 사료, 대사수, 식수를 통해 수분을 섭취하는데 사료의 수분 함량이 증가하거나 감소하면 대부분의 반려동물은 자발적으로 수분섭취량을 줄이거나 늘림으로써 자연스럽게 체내 수분균형을 이룰 수 있다. 반려동물은 맑고 신선한 물을 항상 필요로 하며 언제든지 먹을 수 있는 물을 제공하면 스스로 조절해서 섭취한다.

반려동물은 음수로부터 전체 요구량의 약 25%를 얻는다. 이 섭취하는 음수량은 환경온도, 운동량, 건강 상태, 사료 섭취량에 따라서 다르지만, 성견의 1일 음수 요구량은 대략 체중 1kg당 물 60~65g 정도이다.

개의 경우 건식 사료를 섭취할 경우 사료 1g당 물 약 2.5g을 섭취하는 것이 이상적이며, 대사에너지 1.8kcal당 물 1ml을 섭취하는 것이 좋다. 수유 시, 더운 날씨, 격렬한 운동을 하는 경우에는 4배 또는 그 이상을 필요로 한다. 운동, 열, 신장염, 장염 등 여러 가지 환경 요인에 따라 수분 요구량은 현저히 증가한다. 자견은 영양소 대부분을 수용성인 상태에서 흡수 및 배설하기 때문에 물의 요구량이 많은데 이것은 신장이 몸의 크기에 비해 크다는 것을 의미한다.

3) 물의 손실

모든 동물은 매일 수분 손실을 경험한다. 대부분의 동물에서 소변을 통한 배설이 가장 큰 수분 손실을 차지한다. 대변으로 배출되는 수분은 전체 수분 배설량에서 훨씬 적은 부분을 차지한다. 건강한 동물의 경우, 실제로 대변에 포함된 수분의 양은 매우 적다. 대변으로 수분 손실은 장의 수분 흡수 능력에 이상이 생겼을 때만 큰 폭으로 증가한다. 또 다른 수분 손실의 경로는 호흡 중 폐에서 증발하는 것이다. 개와 고양이의 경우, 더운 날씨에 정상적인 체온을 조절하는 데 매우 중요하다. 헐떡거림은 잠재적으로 호흡 수분 손실을 증가시켜 열 배출을 증가시킨다. 이러한 체온 조절 메커니즘으로 인해 더운 날씨에 호흡과 증발로 인한 수분 손실은 개와 고양이 모두에서 매우 높다.

반려동물에게 수분의 손실을 조절할 수 있는 유일한 체내기관은 신장으로 산-염기 균형과 다양한 전해질의 농도를 조절한다. 체외 배설은 소변이 40~50%, 피부 15~30%, 호흡 10~20%, 대변 5~10%로 이루어진다. 건강한 개의 경우 체내의 수분 배출은 공기, 대변, 소변을 통하여 외브로 손실되며 아픈 개, 고양이의 경우 구토, 설사, 방혈 등을 통하여 손실되기도 한다.

4) 수분의 기능

(1) 영양소의 소화 흡수

입으로 섭취한 음식물은 가장 간단한 영양소(단당류, 아미노산, 글리세롤, 미네랄, 수용성 비타민, 지용성 비타민, 지방산 등)로 분해된 후 흡수된다. 이들 영양소가 효소에 의하여 가수분해될 때 물이 필요하다.

(2) 체내 영양소의 운반과 노폐물의 배설

단당류, 아미노산, 글리세롤, 미네랄, 수용성 비타민은 융모의 모세혈관을 통하여 문맥을 지나 간으로 운반된다. 그리고 고분자 지방산, 재합성된 지방, 지용성 비타민은 림프관을 통하여 정맥으로 들어가 필요한 치조직으로 운반된다. 체내에서 생성된 노폐물은 혈액이나 소변을 통하여 배설된다. 에너지를 발생하기 위하여 포도당이 연소하면서 물과 이산화탄소를 생성하게 되는데 수분은 주로 소변이나 땀의 형태로 피부를 통하여 배설되고 일부는 폐를 통하여 배설된다.

(3) 체온조절 작용

당질, 지질, 단백질의 대사 과정에서 과량으로 생성된 열은 체표면을 통하여 수분이 발산될 때 소모되면서 체온조절이 이루어진다. 물은 신체 전반에 열을 적절히 전달해 준다. 대사 과정에서 생성되는 열은 체온을 정상 범위 이상으로 상승시킬 수 있으며, 이를 적절히 발산하지 않으면 세포의 효소 시스템이 손상될 수 있다.

효소는 특정 온도 범위에서 최적으로 작동하며, 이 범위를 벗어나면 효소의 구조와 기능이 손상된다. 개는 더울 때나 격렬한 운동을 한 후 헉헉거림으로써 호흡기 표면에서 물이 증발하게 하여 몸을 시원하게 한다. 고양이도 체온조절을 위해 숨을 헉헉거리기는 하지만 개보다는 덜하며, 개와 고양이 모두 어느 정도는 발바닥을 통해 땀을 흘릴 수 있다.

(4) 체조직의 구성성분

수분은 지질(lipids)에 10%, 지방조직(adipose tissue)에는 20~25%, 골격조직(bone tissue)에는 10~25%, 근육(muscle tissue)에는 75% 정도가 함유되어 있다. 그리고 글리코겐(glycogen)이 간 조직에 저장될 때도 반드시 수분을 동반하여야만 한다.

(5) 보호 작용

수분은 탄력이 있기 때문에 신체 어느 부분에 압력을 가하면 그 압력이 즉시 그 부분에 전달되지 않는다. 또한 체내에 많은 수분을 함유함으로써 내장 기관을 외부의 충격으로부터 보호해 준다.

수분은 관절의 원활한 움직임을 가능하게 하는 활액의 주요 구성 성분이다. 충분한 수분 섭취는 관절 문제를 예방하고 전반적인 이동성을 지원한다. 중추신경조직 역시 뇌척수액에 잠겨 보호를 받고 있다.

(6) 영양소의 대사 반응

수분은 체내의 여러 조직에 존재하여 여러 영양소를 용해하고 세포 내에서 여러 가지 화학작용을 촉진한다. 즉 체내 화학반응은 수분 없이는 정상적으로 일어나지 않는다.

(7) 기타

세포횡단액(transcellular fluid)은 육식동물에게 2% 정도를 차지하는데 원활액으로의 역할을 한다. 타액은 음식물이 식도를 잘 원활하게 통과할 수 있도록 하고, 소화액은 사료가 효소에 의해 가수분해되도록 돕는다. 또한 장내에서 변비를 막고 배설물의 유동을 원활하게 하는데도 수분이 필요하다.

2장 소화 및 흡수

학습목표

1. 음식물의 이동과정을 소화 장기로 순서대로 설명할 수 있다.
2. 개와 고양이의 치식을 설명할 수 있다.
3. 개의 침샘의 종류를 설명할 수 있다.
4. 위의 세부 명칭을 설명할 수 있다.
5. 위에서의 소화를 영양소와 소화효소로 설명할 수 있다.

1절 소화 및 흡수-PART 1. 입 ~ 위

소화기관은 점막으로 덮인 근육으로 된 관으로 입에서 항문까지 이어진다[그림 2-1]. 입에서부터 항문은 음식물이 잘게 부서지고, 부서지고 소화된 음식물을 에너지를 소모하면서까지 흡수한다는 점에서 몸의 내부가 아닌 외부로 보아야 한다. 음식을 소화하기 위한 소화액 역시 외분비(exocrine)라는 점에서도 몸 밖으로 보아야 한다. 소화 및 흡수를 위한 기능을 반영하는 다양한 구조로 되어 있어, 신체조직에 에너지원을 제공하기 위해 먹이를 소화시키는 역할을 한다. 그 시작은 입이다.

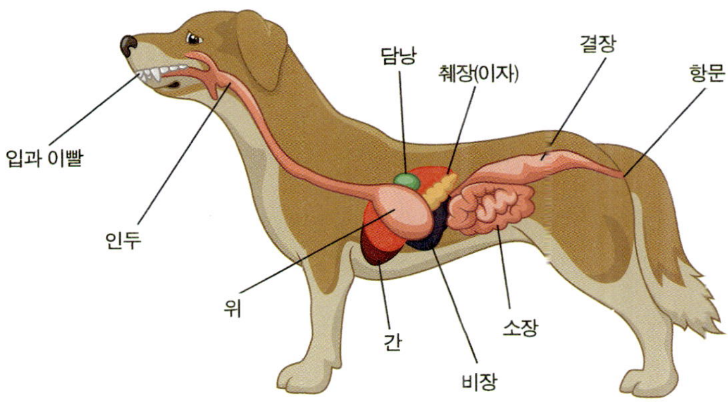

그림 2-1 개의 소화기관

1. 입(구강)

소화관의 시작이며, 혀, 치아, 볼 및 입술로 구성되어 있다. 음식물을 섭취하는 곳이다. 저작운동과 윤활작용이 일어난다. 저작운동은 음식물을 삼키기 쉽게 음식물을 작게 부수는 과정이며, 윤활작용은 점액과 침으로 음식물을 삼키기 쉽게 하는 과정이다. 입의 특징은 다음과 같다.

- 외측으로는 볼과 치아가 있다. 볼은 볼지방이라고 부르는 지방덩이를 가지고 있어서 먹는 동안 볼을 씹는 것을 방지한다.
- 위쪽으로는 구개가 있고, 경구개와 연구개로 나뉜다. 경구개는 점막으로 덮여 있는 뼈 구조로, 표면에 있는 두꺼운 능선에서 시작된다.
- 아래쪽으로는 혀와 혀를 고정하기 위한 혀 밑 근육이 있어 음식을 잡고, 삼키고, 털을 고르고, 핥는 것을 도와준다.

- 앞쪽으로는 입술과 치아가 있다. 보통 포유동물은 유치가 영구치로 바뀌게 된다. 영구치의 기본 구조는 I, C, P, M 네 가지로 분류되며 아래에 풀네임을 기술하였다.

1) 치식

개의 영구치의 치식은 앞니가 I(incisor), 송곳니가 C(canine), 작은 어금니가 P(premolar), 큰 어금니가 M(molar)이며 순서대로 그 개수가 3, 1, 4, 2이며, 아랫니가 I, C, P, M 순서대로 3, 1, 4, 3개로 구성되어 있다[그림 2-2].

고양이 영구치의 치식은 앞니 I, 송곳니 C, 작은 어금니 P, 큰 어금니 M, 순서대로 3, 1, 3, 1개로 구성되어 있으며, 아랫니가 I, C, P, M 순서대로 3, 1, 2, 1개로 구성되어 있다.

개의 유치의 치식은 앞니 I, 송곳니 C, 작은 어금니 P 순서대로 3, 1, 3개이며, 아랫니 역시 I, C, P 순서대로 3, 1, 3개이다.

고양이 유치의 치식은 앞니 I, 송곳니 C, 작은 어금니 P 순서대로 3, 1, 2개이며, 아랫니 역시 I, C, P 순서대로 3, 1, 2개로 되어 있다.

I(incisor)는 끊는 역할을, C(canine)는 찢는 역할을, P(premolar)나 M(molar)은 갈기 위한 형태로 분화되었다.

이의 저작운동과 함께 음식물은 혀에 의하여 잘 섞이게 된다.

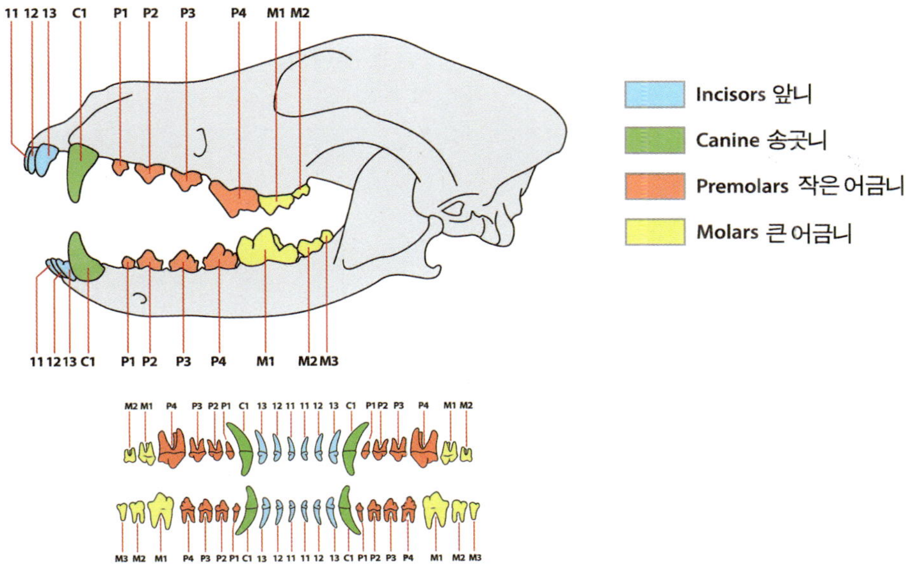

그림 2-2 개의 영구치 치식

2) 혀

음식물 식괴(먹이의 한 덩어리) 형성에 도움을 주며, 체온조절에도 도움을 준다. 헐떡임을 통해 혀로부터 침을 증발시켜 체온조절에 도움을 준다. 털 정돈에도 사용한다.

3) 침샘

사람의 소화계에서의 침샘은 귀밑샘, 턱밑샘, 혀밑샘이 있다. 하지만 개의 한 쌍씩 가지고 있는 주요 침샘은 협골샘(등쪽볼샘), 혀밑섬, 턱밑샘이다. 협골샘(등쪽볼샘)이 개의 특별한 침샘이며, 사람과의 차이점은 구 밀샘이다. 그 외 작은 침샘을 가지고 있으며, 침을 분비하는데, 종류로 입술샘, 혀샘, 구개샘이 있다. 이러한 샘들은 모두 도관이 있어서 후각, 시각 또는 먹이에 대한 생각의 자극을 받으면 입안에서 직접 침을 분비한다. 침은 입안에 먹이를 습윤하게 해주고, 삼킨 먹이를 덩어리(식괴)로 만들어 식도로 부드럽게 내려가도록 한다.

핵심내용

- 치아(I. C. P. M)의 역할
- 개와 고양이의 치식
- 혀의 역할
- 침샘(협골샘(등쪽볼샘), 혀밑샘, 턱밑샘)의 종류

2. 인두(pharynx)

연구개에 의해 코인두와 입인두로 나뉜다. 인두는 짧은 근육으로 된 관으로, 소화기관과 호흡기도의 교차점으로 작용하며, 공기와 먹이가 지나는 통로역할을 한다. 먹이가 인두에 들어오면 후두를 포함한 모든 개구부를 덮어서 먹이가 식도로 직행하도록 한다. 혀는 경구개를 눌러서 구강을 닫고, 먹이 덩어리가 인두로 넘어가게 한다. 그 후 설골장치에 부착된 후두가 뒤로 움직이고, 후두덮개는 앞으로 내려가며, 완전히 삼키게 되면 다시 후두가 열리게 된다. 먹이 덩어리가 식도로 내려가면 위 안의 연동운동에 의해 아래쪽으로 움직인다. 연동운동은 식도에서 시작되며, 근육의 수축과 이완의 반복을 통해 식괴가 이동한다.

핵심내용

- 인두는 소화기관(먹이의 통로)과 호흡기관(공기의 통로)의 교차점
- 후두덮개가 닫히면 음식물이 이동, 열리면 공기가 이동

3. 식도(esophagus)

식도는 속이 빈 근육으로 된 관으로 인두로부터 위까지 연결하는 장기로, 음식을 이동하는 기능을 가진 관이다. 먹이가 지나가는 동안 어느 정도 확장이 가능하다. 신경, 혈관, 및 점액샘이 잘 분포되어 있어 먹이가 연동운동에 의해 움직이는 동안 안쪽 표면을 매끄럽게 한다. 식도는 인두로부터 흉곽과 횡격막을 통과하여 식도문을 지나 위로 연결된다.

핵심내용

– 식도는 입과 위의 연결관, 먹이가 들어오면 확장

4. 위(stomach)

위는 복강의 왼쪽에 위치하며, 식도로부터 음식물 식괴가 이동하여 음식물을 반죽하고 소화액과 혼합케 한다. 단백질 소화가 시작되는 장소로 위산(염산)과 단백질 분해효소 펩신(pepsin)을 분비한다. 위는 다음과 같이 나뉜다.

- 분문(cardiac part): 식도와 연결되는 곳에 있는 명확하지 않은 근육성 링으로, 분문괄약근이라고 부르며 먹이가 들어오는 것을 조절한다.
- 위바닥(fundus, 위저부): 샘이 있는 부위로, 위산과 일부 보호 점액을 분비한다.
- 위몸통(body, 위체부): 위바닥과 이어진다.
- 유문(pylolic part): 위몸통 중 좁은 부분으로, 점액과 가스트린이 분비된다. 십이지장과 연결되는 가장 좁은 부위를 유문괄약근이라고 부르며, 소화된 유미즙이 십이지장으로 이동하는 것을 조절한다.

위는 위점막이라고 부르는 안쪽점막으로 구성되며, 점막밑층을 지탱한다. 수많은 주름이 있어, 위가 먹이로 팽창되면 주름이 편평해진다. 위오목(gastric pits,

위점막 안에 있는 샘)은 염산, 점액 및 펩신을 생성한다. 위의 속층은 자가소화를 방지하기 위해서 표면이 두꺼운 점막으로 덮여있다. 위의 중간층은 민무늬근으로 되어 있어 먹이를 섞는 역할을 한다. 가장 바깥층은 장간막(장쪽복막)이 대망(omentum)을 형성하여, 등쪽 체벽에 위를 연결시킨다.

위의 기능은 먹이를 저장하고 위소화 효소와 섞는다. 이 과정은 위벽의 근수축을 통해서 이루어지며 약 2시간이 소요된다. 결과적으로 십이지장으로 이동할 유미즙(chyme)이 만들어진다.

위분비는 가스트린(gastrin, 위에서 분비되는 위장관 호르몬)에 의해서 자극되는데, 가스트린은 먹이가 분문(분문괄약근)을 통화할 때 분비된다. 위액의 분비는 다음과 같다.

- 위바닥과 위몸통에 있는 술잔세포(goblet cell)는 위오목에 있으며, 점액을 분비하여 먹이 통과를 매끈하게 하고 자가소화를 방지한다.
- 벽세포(parietal cell, 산분비세포)는 위바닥의 위오목에 분포하며, 염산을 분비한다. 이것은 세균이 생존하지 못하는 환경을 만들어 위장관을 유해한 세균으로부터 보호하고, 소화작용 전에 단백질 변성을 일으킨다.
- 으뜸세포(chief cell, 주세포)는 펩시노겐, 레닌, 리파아제를 분비하고, 위오목의 바닥에 밀집되어 있다. 펩시노겐은 활성이 없는 상태이며, 염산(pH 0.5~1.5)이 존재하면 활성화효소인 펩신으로 변환하여 단백질을 폴리펩타이드로 소화시킨다.

핵심내용

- 위의 명칭(분문, 위바닥(위저부), 위몸통(위체부), 유문) 기억하기
- 분문의 역할, 유문의 역할
- 염산을 분비하는 세포는 벽세포(산분비세포)
- 펩시노겐이 펩신으로 변환하여 단백질 소화가 시작

3장 소화 및 대사

학습목표

1. 탄수화물의 소화과정을 소화효소와 분해 산물로 설명할 수 있다.
2. 단백질의 소화과정을 소화효소와 분해 산물로 설명할 수 있다.
3. 지방의 소화과정을 소화효소와 분해 산물로 설명할 수 있다.
4. 탄수화물의 분해 산물의 흡수 과정을 설명할 수 있다.
5. 단백질의 분해 산물의 흡수 과정을 설명할 수 있다.
6. 지방의 분해 산물의 흡수 과정을 설명할 수 있다.
7. 탄수화물의 대사 과정을 설명할 수 있다.
8. 단백질의 대사 과정을 설명할 수 있다.
9. 지방의 대사 과정을 설명할 수 있다.
10. 간의 기능을 설명할 수 있다.

1절 소화 및 대사-PART 2. 소장, 대장, 간

1. 소장

소장(small intestine)은 위로부터 산성화된 유미즙을 유문괄약근을 통해 받아들인다. 이곳에서 소화과정은 완료되고, 소화된 먹이산물이 흡수된다. 효과적인 흡수는 융모 상피세포의 넓은 표면적에 의해 좌우되고, 이것은 장점막에 있는 손가락 모양의 융모가 발달되어 있음으로 인해 가능하다. 융모는 소화샘들이 있는 상피세포층으로 덮여 있다. 소장은 세 부분으로 구성되어 있다. 각종 소화효소가 분비되며, 종류로는 말타아제(maltase), 수크라아제(sucrase), 락타아제(lactase), 엔테로키나아제(enterokinase), 리파아제(lipase)를 분비한다. 소화와 관련된 아래에서 자세히 서술하였다.

1) 십이지장

십이지장(duodenum)은 복강의 오른쪽에 위치하며, 십이지장의 U자 모양 안쪽에는 췌장이 위치하고 있다. 십이지장간막이라고 부르는 장 쪽 복막의 일부에 의해 고정되어 있다. 십이지장 점막에는 특유의 융모가 있으며, 브루너샘(Brunner's gland)이 융모 사이에 개구하고 있다. 십이지장에는 유미즙이 있어 브루너샘을 자극하여 장액이라고 부르는 복합물을 분비한다. 췌장과 담도로부터 십이지장으로 도관이 개구하고 있다. 췌장에서는 소화액이, 담도로부터는 담즙이 유입된다.

2) 공장 및 회장

공장(jejunum)과 회장(ileum)을 구분하기는 어려운데, 복강 내에 공정되지 않고 움직이는 긴 관을 형성한다. 이것은 공장간막과 회장간막에 의해 매달려 있다. 상피세포층에는 리버쿤와(crypts of Lieberkuhn)라 부르는 소화샘의 바닥에 융모를 가지고 있다. 회장은 회장맹장경계에서 끝난다.

3) 췌장

췌장(pancreas)은 십이지장의 U자 형태의 안쪽에 위치하며, 외분비와 내분비를 가진 혼합샘이다. 이것은 기다란 샘으로, 엽이 잘 나뉘어 있으며 성긴결합조직 피막으로 덮여있다.

내분비(endocrine) 조직: 랑게르한스섬(islets of Langerhans)으로 구성[그림 2-3]되며, 인슐린을 포함한 몇 가지 호르몬을 분비한다. 호르몬은 내분비의 대표적인 예시이며, 타깃 장기에 도달하기 위해 혈관에 분비한다. 알파 세포는 글루카곤(glucagon) 호르몬을, 베타세포는 인슐린(insulin)을 분비한다. 글루카곤은 29개의 아미노산으로 구성된 폴리펩타이드로 간에 있는 표적세포를 자극하여 글리코겐을 포도당으로 분해한다. 혈당량이 적정 농도 이하로 떨어지면 글루카곤이 분비된다. 인슐린은 혈당량에 대해 반대의 효과를 보여 혈당량을 감소시킨다. 이와 같이 랑게르한스섬(islets of Langerhans)에서 분비되는 두 가지 호르몬은 서로 교차 분비되며 혈당을 적정 농도로 유지하는 역할을 하고 있다. 이 유지되는 역할이 깨어지면 당뇨병(diabetes mellitus)으로 증상이 나타난다. 인슐린이 과다 분비 혹은 과소 분비될 때, 혹은 세포 수용체가 부족하거나 결핍되면 혈액 내 포도당량의 조절의 항상성이 깨져 당뇨병이 발병한다.

외분비(exocrine) 조직: 단단히 결합된 분비세포들이 샘의 주요한 부분을 구성한다. 췌장액은 잘 분비된 도관을 통해서 배출되고, 주췌관은 총담관과 결합하여 십이지장으로 관을 낸다. 췌장액은 중탄산염 이온이 많이 들어 있으므로 알칼리성을 띠며, 산성인 유미즙을 중화시키는 데 도움이 된다. 또한 단백질, 탄수화물 및 지방을 소화시키는 효소가 다량 함유되어 있다. 대부분의 효소들은 췌장의 자기소화를 막기 위해 불활성형이지만, 소화 기능을 하기 전에 다른 효소들에 의해 활성화되어야 한다.

췌장액은 먹이에 대한 시각, 후각 및 미각에 반응하여 분비된다. 또한 먹이가 유미즙 형태로 십이지장에 들어오면 위장관 호르몬인 콜레시스토키닌(Cholecystokinin, 소화기관에서 단백질과 지방의 소화를 촉진하는 펩타이드 호르몬)과 십이지장 점막으로부터의 세크레틴(secretin) 분비를 자극한다.

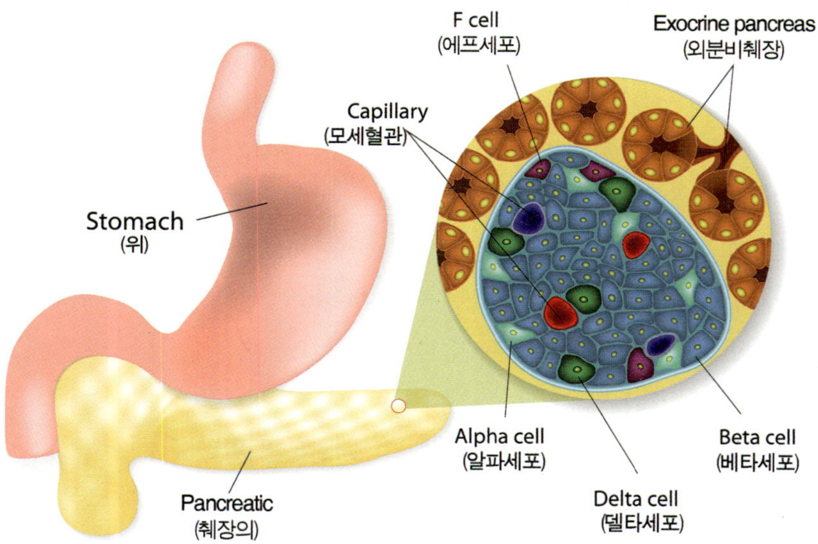

그림 2-3 랑게르한스섬(islets of Langerhans)

핵심내용

- 소장의 세 부분의 명칭은 십이지장, 공장, 회장
- 췌장은 소화와 관련된 외분비, 혈당 조절과 관련된 내분비를 담당
- 외분비와 관련된 소화효소는 아밀라아제, 리파아제, 트립신
- 내분비와 관련된 호르몬 이름은 알파세포에서의 글루카곤, 베타세포에서의 인슐린
- 글루카곤의 혈당 상승, 인슐린의 혈당 하강

4) 담낭

담낭(gall bladder)은 간엽 내에 위치하며, 간에서 생성된 담즙(bile juice)을 저장한다. 담즙산염이 들어 있는 담즙은 지방이 소화되기 전에 지방의 분해(유화)를 돕고, 총담관(bile duct)을 통해 십이지장으로 분비되어 소화를 돕는다.

5) 소화

동물은 단백질, 탄수화물, 및 지방으로 구성된 먹이를 먹는다. 이러한 먹이는 분자량이 너무 커서 혈액으로 직접 흡수될 수 없다. 크기가 작아지기 위해서 소화과정을 거쳐야 한다. 소화 과정을 거치면 당, 지방산, 글리세롤, 그리고 20여 개의 아미노산 등으로 분해된다[그림 2-4]. 소화효소 복합물은 위오목과 십이지장, 공장, 회장의 소화샘, 췌장, 그리고 담낭에서 분비된다. 효소의 작용은 기본적으로 물이 필요한 가수분해 반응이다. 효소는 단백질로써 화학작용의 속도를 증가시키는 촉매역할을 한다. 각각의 효소는 특정 기질(소화할 대상물)에 작용하도록 특수하게 적응되어 있다. 예를 들어, 리파아제는 지방에 작용하고, 펩신과 같은 단백분해효소(protease)는 단백질에 작용한다. 가수분해된 당, 지방산, 글리세롤, 그리고 20여 개의 아미노산 등은 장의 내벽을 통해 흡수된다. 대부분은 소장의 융모에서 혈관과 림프액 속으로 능동수송(에너지를 사용하면서까지 흡수)되며, 물과 일부 이온들은 확산과 삼투작용을 통해 흡수된다. 소화과정의 결과를 통해 작은 분자량으로 바뀌게 되었고, 결국 혈관과 림프액으로 흡수되어 체내 대사를 위해 간으로 운반된다. 3대 영양소(탄수화물, 지방, 단백질)별 소화의 내용은 다음과 같다.

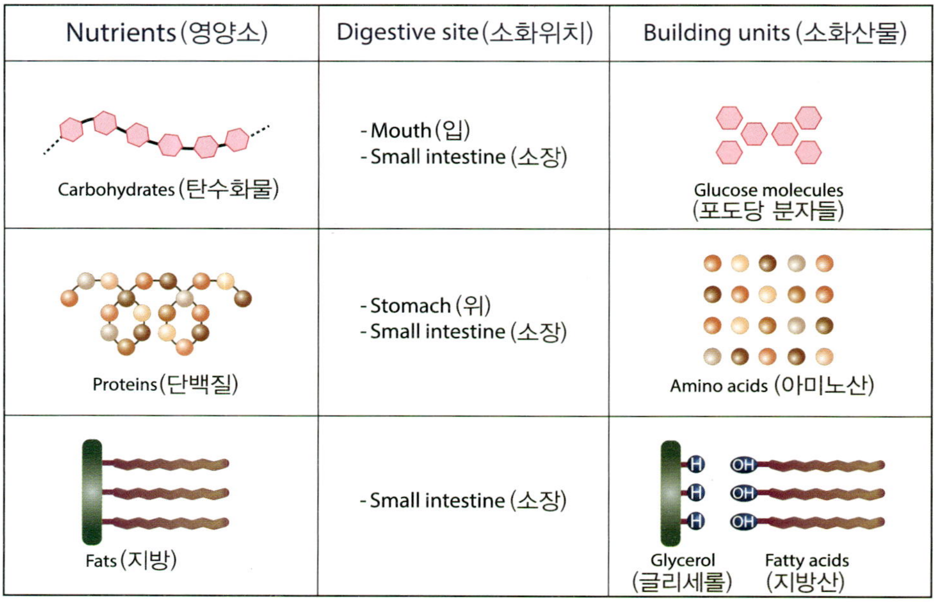

그림 2-4 영양소별 소화위치와 소화산물

(1) 단백질의 소화

단백질은 아미노산으로 구성되어 있는 크기가 크고 복잡한 분자이다. 분해 과정이 복잡하며, 단백질 분해효소(protease) 역시 여러 효소가 필요하다. 식도를 통해 위로 들어간 단백질은 펩신(pepsin)에 의해 분해가 시작된다. 펩신은 펩시노겐(pepsinogen)의 활성화 형태로 단백질 분해시 말단을 잘라내는 효소가 아니라 안쪽을 잘라내는 엔도펩티다아제(endopeptidase)이다. 또한 펩신은 20개의 아미노산 중에 단지 4개의 아미노산에만 작용한다. 그래서 펩신의 작용을 받아 생성된 단백질 혹은 펩타이드는 크기가 큰 펩타이드가 된다.

펩신에 의해 분해된 펩타이드는 소장으로 이동한 후, 췌장에서 분비되는 트립신(trypsin), 키모트립신(chymotripsin), 카르복시펩티다아제(carboxypeptidase)들에 의해서 더 분해된다[그림 2-5]. 카르복시펩티다아제는 펩타이드의 말단에서 펩타이드 결합을 잘라내는 엑소펩티다아제(exopeptidase)이다. 카르복시펩티다아제제(carboxypeptidase), 아미노펩티다아제(aminopeptidase), 다이펩티다아제(dipeptidase) 등 소장의 장액 중에 있는 펩타이드 분해효소의 혼합물은 에렙신(erepsin)이라고 한다. 단백질의 최종 분해는 아미노펩티다아제(aminopeptidase)와 다이펩티다아제(dipeptidase)에 의하여 최종적으로 이루어진다. 아미노펩티다아제는 펩타이드의 아미노 말단에 있는 펩타이드결합을 잘라낸다. 단백질이 분해되어 만들어진 아미노산은 혈액으로 흡수되어 간으로 이동한다. 간에 들어간 아미노산은 여러 대사 과정에 사용된다. 일부는 에너지원으로, 일부는 핵산으로, 일부는 혈장 단백질로 사용된다.

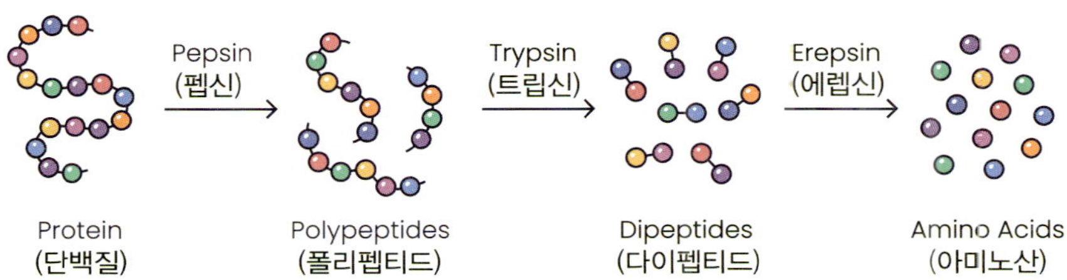

그림 2-5 단백질의 분해

(2) 탄수화물의 소화

모든 탄수화물은 침샘에서 분비되는 아밀라아제(amylase) 효소에 의해 입에서 먼저 분해되기 시작한다. 이(이빨)에 의한 저작 작용이 같이 작용하면 분해의 효율이 높아진다. 탄수화물인 전분(starch)이 2탄당인 엿당(maltase)이나 다당류로 분해된다. 위로 이동한 당들은 위산에 의해 분해되지 않고 소장 안에서 다시 분해되기 시작한다.

소장 안에서는 췌장에서 분비되는 아밀라아제에 의해 다당류는 이당류로 변하고, 이 다당류들은 말타아제(maltase)에 의해 포도당(glucose)으로 분해된다. 또한 설탕(sucrose)과 젖당(lactose)도 분해되는데 설탕은 포도당과 과당으로, 젖당은 포도당과 갈락토스로 분해된다[그림 2-6]. 단당류는 포도당, 과당, 갈락토스는 소장에서 흡수된 뒤, 혈액을 타고 간으로 이동된다.

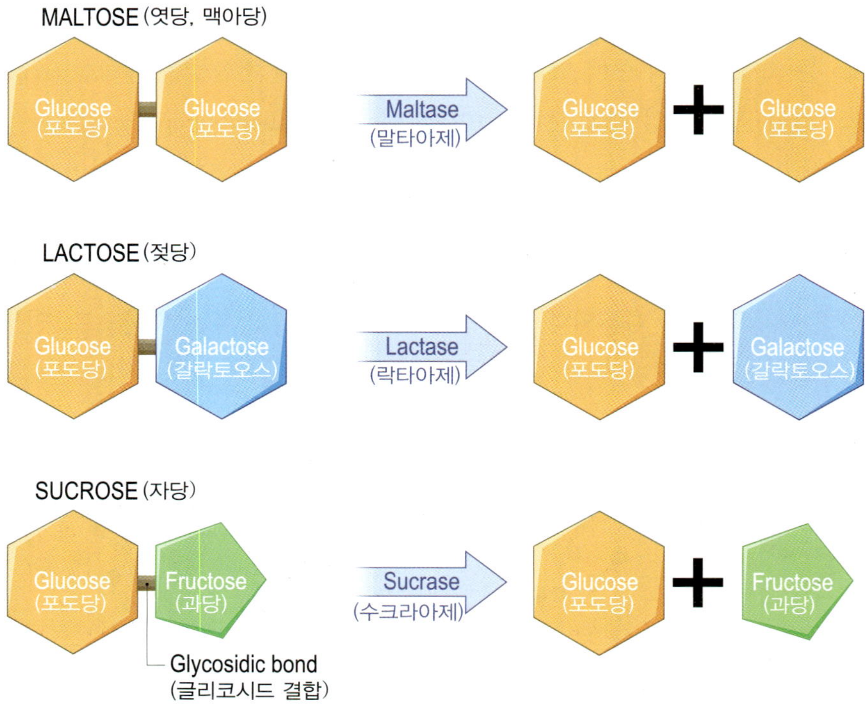

그림 2-6 이당류의 소화

(3) 지방의 소화

지방(fat)은 대부분 소장에서 분해된다. 지방이 소장으로 들어오면 쓸개(담낭)에서 만들어진 쓸개즙(담즙)과 함께 지방을 섞이게 한다. 쓸개즙은 화학 구조상 물에 녹을 수 있는 친수성 부위와 지방이 녹을 수 있는 비친수성 부위를 가지고 있다. 이런 원리로 지방과 섞이면서 지방을 작은 입자로 만들어 준다. 이때 췌장에서 분비된 리파아제(lipase) 효소가 지방을 지방산과 글리세롤[그림 2-7], 그리고 모노글리세라이드(monoglyceride)와 다이글리세라이드(diglyceride)로 분해한다. 분해된 지방은 소장벽에서 확산되어 흡수된다.

흡수된 지방 분해 산물은 트리글리세리드(triglyceride)로 결합되고, 흡수된 콜레스테롤(cholesterol)과 함께 유미입자(chylomicron)가 된다. 유미입자는 엷은 단백질 피막으로 싸여 있는 지방 입자로 단백질 피막이 친수성이므로 세포를 통과하여 융털의 암죽관(lacteal, 유미관)에 들어간다. 이후에는 림프관을 통해 순환기계통으로 이동한다.

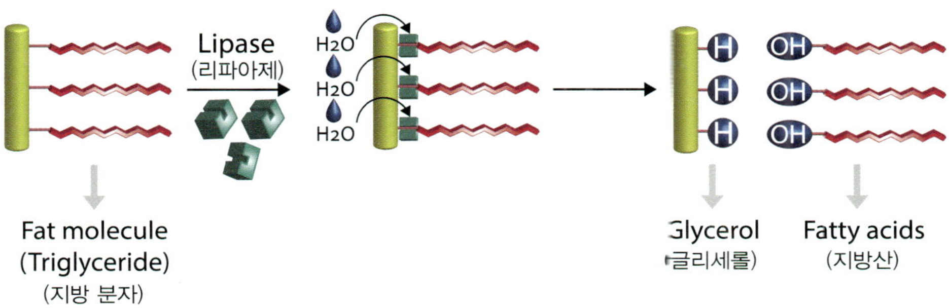

그림 2-7 지방의 분해

핵심내용

- 담즙산염은 지방의 소화를 도움
- 소화는 분자량을 작게 만드는 과정
- 가수분해, 물이 들어가서 분해가 일어남
- 단백질은 폴리펩타이드(위에서), 펩타이드, 아미노산(십이지장에서)의 순서로 분해
- 탄수화물은 다당류, 이당류로 분해(입에서), 이당류가 단당류(소장에서)로 분해
- 탄수화물 소화를 위해 입과 십이지장에서는 아밀라아제가 탄수화물을 이당류로, 소장에서는 말타아제, 수크라아제, 락타아제가 이당류를 단당류로 분해
- 엿당(맥아당)이 분해되면 포도당 두 개
  - 자당이 분해되면 포도당과 과당
  - 젖당이 분해되면 포도당과 갈락토스
  - 엿당, 자당, 젖당은 이당류(이탄당)
  - 포도당, 자당, 갈락토스는 단당류
- 엿당(맥아당, maltose) 분해효소 이름은 말타아제(maltase)
- 자당(sucrose) 분해효소 이름은 수크라아제(sucrase)
- 젖당(lactose) 분해효소 이름은 락타아제(lactase)
- 지방은 지방산과 글리세롤로 분해
- 지방의 소화는 십이지장에서 췌장에서 분비된 리파아제(lipase
- 지방은 흡수되기 위해 단백질 코팅이 일어나 유미입자(chylomicron)가 됨

6) 흡수

소장에서 일어나는 주요한 활동으로 소화가 끝난 음식물의 흡수가 일어난다. 소화물의 흡수가 일어나는 부위는 소장과 대장에서 일어나지만, 주요 기관은 소장이다.

- 단백질 소화의 결과물인 아미노산과 탄수화물 소화의 결과물인 단당류와 이당류는, 친수성 물질로, 융모벽을 통과하여 모세혈관으로 흡수되고, 간문맥을 통해 간으로 운반되어 대사에 사용된다. 대사와 관련된 내용은 아래 칸에서 기술하였다.

지방 소화의 결과물인 지방산과 글리세롤은 외피단백질이 추가되어 유미입자(chylomicrons)로 전환된다. 그리고 융모 벽을 통과하여 유미관으로 흡수된 유미(chyle)는 가슴림프관팽대로 흡수되어 심장을 통해 혈관을 타고 전신순환으로 이동한다.

핵심내용

- 단백질과 탄수화물 분해 산물은 친수성으로 융모벽을 통과하여 모세혈관으로 흡수
- 지방 분해 산물은 비친수성으로 유미입자(chylomicron)로 변환 후, 유미관으로 흡수

2. 대장

소화되지 않은 액체 잔류물은 소장으로부터 회장과 맹장을 연결하는 회맹장경계를 거쳐 대장(large intestine)으로 이동한다. 소장과 달리 점막층에 융모가 없고 소화효소 분비샘이 없다. 대변을 쉽게 배출하기 위해 점액을 분비하여 대장을 잘 통과하게 하고 있다. 대장은 세 부분으로 구성되어 있다.

1) 맹장

맹장(cecum)은 끝이 막힌 주머니로, 잔여 음식물들이 견동운동에 의해 이동한다. 속층은 융모에서 분비샘 형태로 변화한다. 육식동물에서 맹장의 기능은 크지 않다. 초식동물에서는 맹장에서 미생물에 의한 섬유소의 소화 등이 일어난다.

2) 결장

결장(colon)은 오름, 가로 및 내림결장 세 부분으로 나뉘고, 모두 결장간막에 의해 등쪽 체벽에 부착되어 있다. 주요 기능은 소화물르부터 수분을 흡수하고, 배변 전에 점점 더 단단한 변을 직장까지 밀어낸다. 결장 점막에는 점액을 분비해서 변 덩어리 통과를 돕는 술잔세포와 물을 흡수하는 세포로 덮여 있다. 변으로 확장되지 않았을 때는 두꺼운 점막층은 주름형태로 되어 있다.

3) 직장

직장(rectum)은 짧고 확장된 부분이다. 직장의 기능은 반고체 상태의 변을 배변하기 전 저장하는 것이다. 점막에는 술잔세포 수가 증가되어 덮여 있다. 직장의 끝부분은 항문이고, 내측 및 외측괄약근이 밖으로 변이 배설되는 것을 조절한다. 항문괄약근 안쪽에 한 쌍의 변형된 피부샘인 항문낭(anal sac)이 있어서, 냄새가 나는 분비물을 생산하고 변을 통해 영역표시에 사용한다.

핵심내용

- 대장의 세 부분은 맹장, 결장, 직장임
- 대장은 소화효소 분비샘이 없음
- 결장의 주요 기능은 수분의 흡수
- 직장에는 피부샘의 일종인 항문낭(영역표시에 사용)이 있음

3. 간

간(liver)은 신체 중 가장 큰 기관으로, 평균적인 개와 고양이에서 체중의 약 3~4%를 차지한다. 간은 횡격막 바로 뒤쪽에서, 십이지장과 오른쪽 신장의 앞쪽에서 위와 맞닿아 있다. 섬유조직 주름과 낫인대(falciform ligament, 간이 움직이지 않도록 고정)라고 불리는 지방조직에 의해 복강벽에 부착되어 있다.

간에 있는 혈액의 약 75%는 간문맥계로부터 공급받는데, 간문맥계는 소장에서 소화 산물을 포함한 혈액을 운반한다.

간은 수백 가지의 기능을 수행하는 것으로 생각되며, 모든 기능은 간세포라는 한 가지 종류의 세포에 의해 수행된다. 간세포는 많은 양의 글리코겐(glycogen)을 저장하고, 많은 양의 지방(fat)을 처리한다.

간은 육각기둥 형태의 수많은 소엽으로 구성되어 있다. 각각의 소엽은 중심에서 바깥쪽으로 방사형으로 배열된 간세포로 차 있다. 각각의 소엽을 따라서 간동맥, 간문맥 및 담관의 가지가 지나고 있다.

간동맥과 간문맥은 인접한 소엽 사이에 위치하고 있기 때문에 소엽사이혈관이라고 한다. 각각의 소엽 중심에는 간정맥이 가지가 있어 이를 중심정맥 또는 소엽사이정맥이라고 한다. 혈관들은 평행으로 인접하게 지나는 굴모양 모세혈관계에 의해서 중심정맥과 연결된다. 굴모양혈관은 소관이라 부르는 미세한 통로로 둘러싸여 있다. 이것은 소엽의 가장자리에서 담관과 연결된다. 간세포는 굴모양혈관과 소관의 가까이에 있다.

혈액은 굴모양혈관을 따라서 중심정맥을 향해 흐르는 소엽사이혈관을 통해 각각의 소엽에 공급된다. 간세포는 필요한 혈액을 취한 후 생산물을 전달한다. 유일한 예외로써 담즙은 굴모양혈관으로 분비되지 않고, 소관으로 분비하여 담관으로 흘러간다.

1) 간의 기능

(1) 담즙(bile juice) 생산

간세포에 의해서 생산된다. 담즙산염과 빌리루빈색소를 함유하고 있다. 빌리루빈은 적혈구가 분해되어 생기는 녹색색소인 담록소(biliverdin)가 환원된 것이다. 담즙은 먹이가 위와 십이지장에 들어오기 전까지 담낭 안에 저장된다. 자극을 받으면 담낭이 수축하고, 담즙이 총담관을 통해 십이지장으로 분비된다.

대사는 다양한 조직에서 일어나지만, 가장 중요한 기관은 간이다.

(2) 탄수화물 대사(carbohydrate metabolism)

포도당 분자가 간문맥을 통해 간에 도착하면 탄수화물 대사가 일어난다. 중합되어 글리코겐이 되고, 간에 저장된다. 신체에서 에너지가 필요하면 글리코겐분해 과정을 거쳐 글리코겐이 분해되어 포도당이 방출된다. 글리코겐의 저장과 글리코겐 해당과정의 연속이라 할 수 있다. 이를 통해 소화과정을 거쳐서 체내로 흡수된 당은 혈당을 일정 수준으로 유지할 수 있다. 여분의 포도당은 해당과정과 TCA cycle을 통해 궁극적으로 에너지인 ATP를 생성한다. 남는 포도당은 글리코겐으로 저장한다. 그래도 남는다면 지방산, 결국 중성지방으로 전환되는데 성인에서 말하는 대사 증후군의 원인이 된다. 반면에 탄수화물의 공급이 부족해, 포도당이 부족하게 된다면 포도당 신합성과정으로 체내에서 포도당을 합성한다.

- 해당과정(glycolysis): 세포질에서 일어나는 대사 작용으로 6개의 탄소를 가진 포도당이 3개의 탄소를 가지고 있는 피루브산(pyruvate) 2분자로 변환된다[그림 2-8]. 산소가 없는 상태에서 일어난다.
- TCA cycle: TCA 회로라고도 불리며, 시트릭산 회로(citric acid cycle), Kreb's cycle이라고도 한다[그림 2-9]. 세포의 발전소라고 불리는 미토콘드리아에서 일어나며, 피루브산이 아세틸 CoA(acetyl CoA)로 변환되어 TCA cycle로 들어와 결국 에너지인 ATP를 생성한다. 해당과정과 달리 산소가 있는 상태

에서 일어난다.

- 글리코겐(glycogen)의 합성과 분해: 몸으로 흡수된 많은 양의 포도당이 있을 때, 과잉의 포도당이 글리코겐으로 합성된다. 합성된 글리코겐은 간(장)과 근육에 저장된다. 글리코겐은 하나의 포도당 점에서 시작하여 매우 많은 가지에, 또 곁가지가 있는 형태로 순간적으로 많은 양의 포도당을 분리해 낼 수 있는 저장의 형태이다. 뒤에서 맹수가 쫓아온다면 최초로는 혈중 포도당을 소모하여 달릴 수 있는 에너지를 생성한다면, 혈중 당이 떨어지면 바로 간과 근육에 저장한 글리코겐을 바로 잘라내 글리코겐에서 포도당으로 분해되어 사용하게 된다. 관여하는 대사 호르몬은 인슐린(insulin)과 글루카곤(glucagon)이 있다.

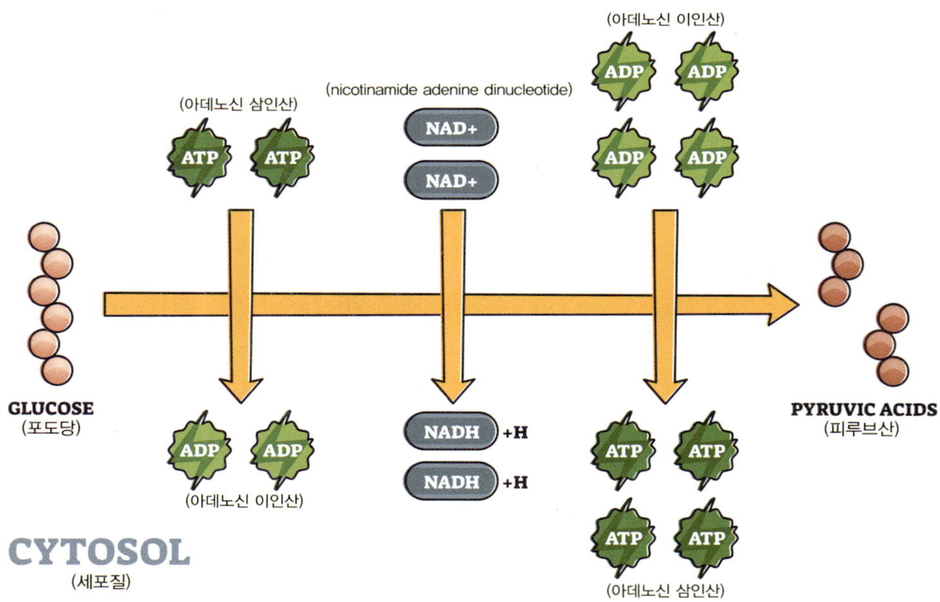

그림 2-8 해당과정

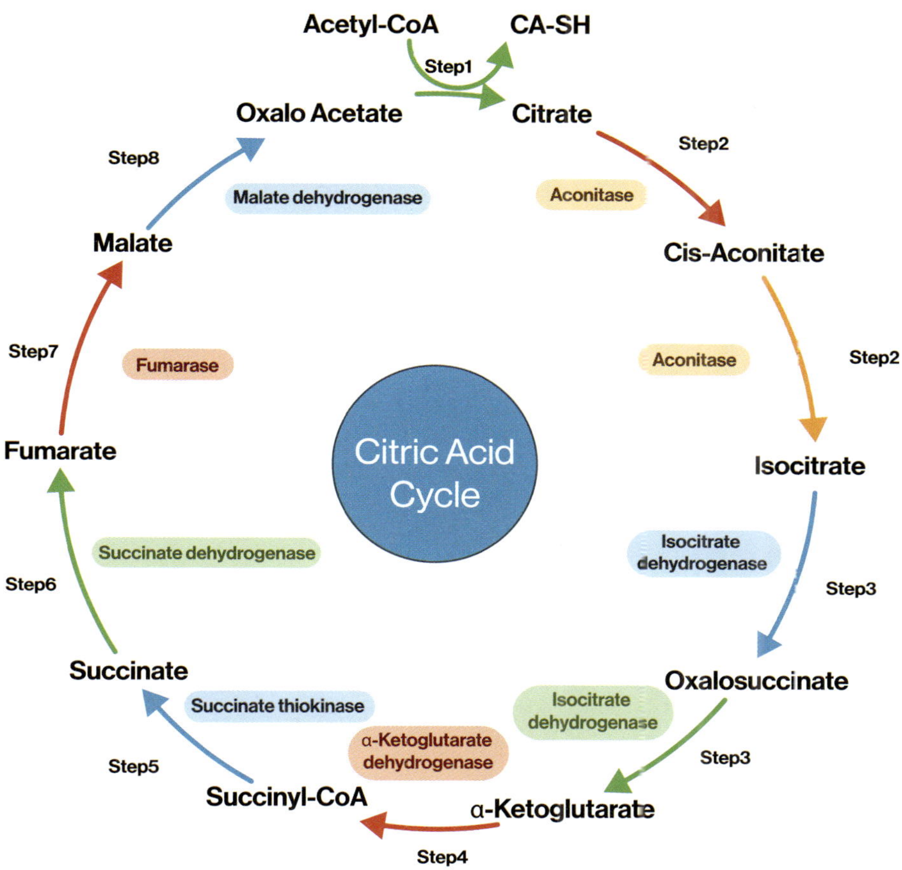

그림 2–9 TCA 회로(tricarboxylic acid cycle, 시트르산 회로(citric acid cycle))

핵심내용

- 글리코겐의 저장
- 담즙의 생산
- 대사의 핵심 기관
  - TCA cycle은 에너지인 ATP를 생산
- 중성지방의 생성 원리
- 해당과정은 포도당 1개가 피루브산 2개로 변환

(3) 지방 대사(lipid metabolism)

지방은 콜레스테롤과 지방산(fatty acid)을 생성하고, 에너지를 생산하는 데 사용하거나 체내 지방조직에 에너지를 저장한다. 지방의 대사는 지방산의 분해와 지방산의 합성, 그리고 지방산의 신합성으로 나눌 수 있다.

① 지방산의 분해

주로 공복시에 간과 지방조직에 저장된 중성지방이 글리세롤과 지방산으로 분해된다. 지방산의 산화는 세포 안의 미토콘드리아에서 일어난다. 유리지방산은 결국 아세틸 CoA가 생성될 때까지 산화 과정이 반복된다. 생성된 아세틸 CoA는 TCA cycle로 보내져 결국 에너지인 ATP를 생성한다.

② 지방산의 합성

체지방은 복강, 피하, 장기의 조직 사이사이에 저장된다. 섭취한 지방이 그대로 혹은 에너지 과잉으로 인해 지방산이 합성된다. 지방산의 합성은 세포질에서 일어난다.

③ 지방산 신합성

지방산 신합성은 지방이 아닌 영양소로부터 합성되는 지방산의 경우 지방산 신합성이라고 한다.

(4) 단백질대사(protein metabolism)

혈장 단백질의 생성과 요소의 생성 과정이 핵심이다. 요소 생성까지의 과정을 아미노산의 흡수와 대사로 설명할 수 있는데, 그 과정은 아미노기 전이반응, 아미노산 탄소골격의 분해, 탈아미노반응, 요소 회로로 설명할 수 있다. 아미노기 전이반응은 한 아미노산의 아미노기를 아미노산이 아닌 다른 물질의 탄소 골격에 전달하여 새로운 아미노산으로 변화하는 과정이다. 비필수아미노산의 합성,

포도당 신합성 혹은 에너지 생산을 위해 일어나는 반응이다. 아미노산 탄소골격의 분해는 아미노산이 제거된 탄소골격을 이용하여 에너지를 생성하는 TCA cycle로 보내져 결국 에너지인 ATP를 생성하는 과정에 활용되기도 하는 반응이다. 탈아미노반응은 아미노산으로부터 아미노기를 떼어나는 과정으로 요소생성을 위해 암모니아가 떨어져 나오는 것[그림 2-10]을 뜻한다. 지방과 탄수화물이 원소성분 C, H, O로 구성되어 있지만, 단백질은 C, H, O N으로 구성되어 있으니, 원소성분 N이 없어져야 다른 대사에 활용할 수 있다. 요소 회로는 탈아미노반을을 통해 제거된 질소가 암모니아로 전환되는 과정이며, 암모니아는 혈중에 있을 경우 뇌세포를 손상시키므로 간에서 암모니아를 제거하는 대사가 일어난다. 아르지닌과 물을 이용하여 오르티닌과 요소가 만들어지는 대사[그림 2-11]가 일어난다.

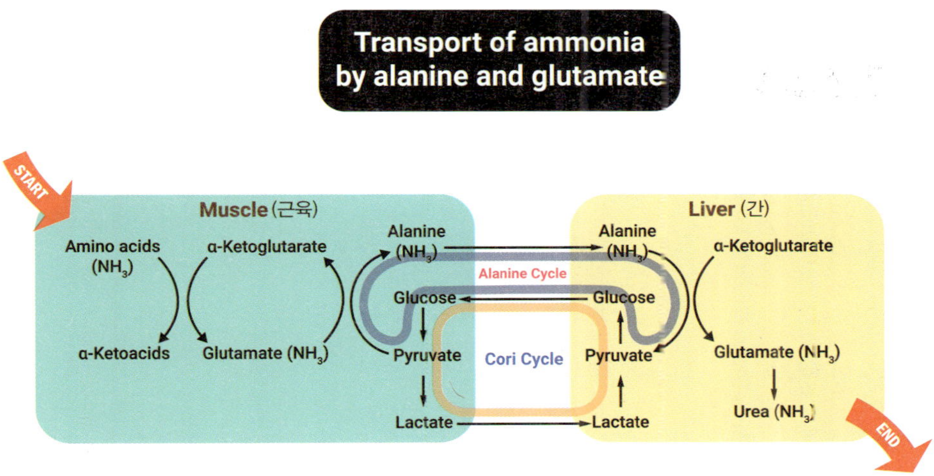

그림 2-10 암모니아 수송(Transport of ammonia)

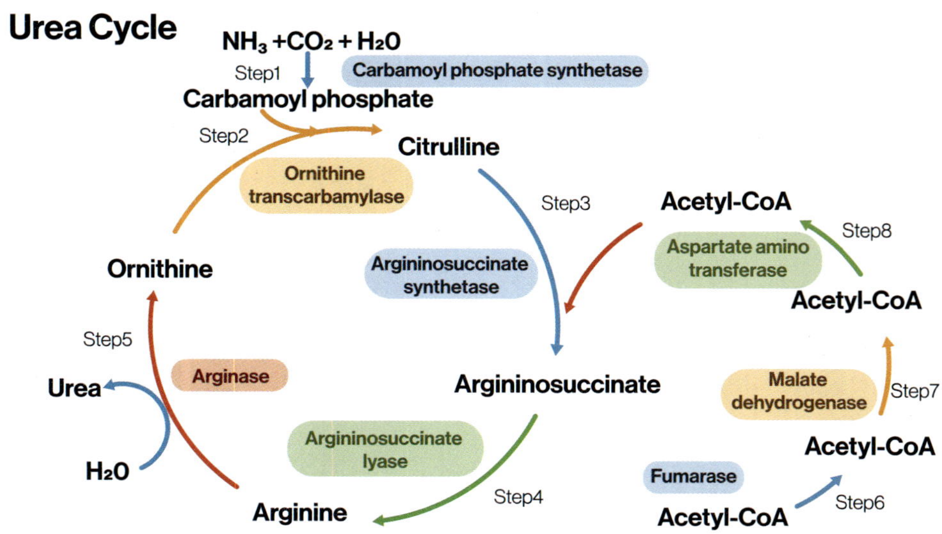

그림 2-11 요소회로(Urea Cycle)

핵심내용

- 지방 대사의 산물은 콜레스테롤과 지방산
- 아미노기 전이반응은 새로운 비필수아미노산을 만드는 과정
- 탈아미노 과정은 요소 생성을 위한 암모니아를 추출
- 암모니아는 혈중에 독성, 변환된 요소는 안전

(5) 열 생산

간을 통해 물질을 합성, 탈아미노화 및 운송함으로써 혈액공급을 통해 열을 생산한 후 전신(말초부위)으로 열을 전달한다. 간에서 지방을 분해하며 많은 열이 생산된다.

(6) 호르몬 배출

기능을 한 호르몬은 간을 통해 분해되고, 일부는 화학적으로 변형되고, 일부는 신장을 통해 배출되며, 일부는 담즙의 형태로 장을 통해서 배출된다.

(7) 조혈작용

철분, 비타민 B군을 이용하여 세포 내 헤모글로빈을 증가시켜 혈구 생성의 질을 높여준다.

(8) 혈액 저장

간은 체내 총 혈액량의 10~15% 정도의 혈액이 저장되어 있다. 약 3분에서 4분 간격으로 혈액이 간을 통과하고 있다. 간의 정맥을 확장 및 수축시켜 몸에 필요한 총순환혈액량을 변경시킬 수 있다.

(9) 해독작용

간은 몸에 들어온 각종 약물이나 독성물질을 분해, 대사하여 배설될 수 있는 형태로 만든다. 수변이나 담즙을 통해서 배출한다. 세포 대사로 인한 질소노폐물도 해독시킨다.

(10) 노화적혈구 분해

수명이 다한 노화 적혈구를 분해한다. 적혈구가 분해되어 생긴 빌리루빈이 간세포에서 수용성의 빌리루빈으로 변한다. 이후 담즙에 녹아 장으로 배출된다.

(11) 적혈구 생성

적혈구의 생성은 골수에서 일어난다. 하지만 태아 시기에는 간이 새로운 적혈구를 생성한다. 이 과정을 골수외 적혈구생성이라 한다. 출산 후에는 적혈구를 생성하지 않는다.

동물보건영양학

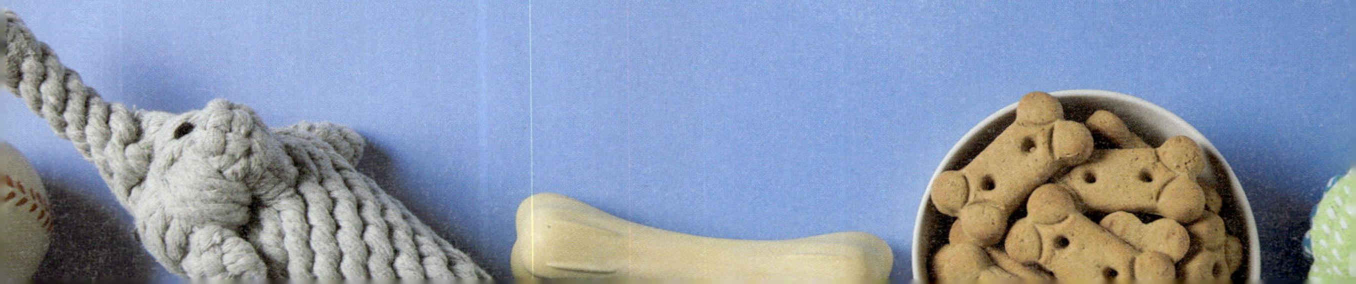

2부

반려동물 사료와 간식

4장 사료의 종류와 선택

학습목표

1. 사료의 다양한 구분 방법에 대해서 알 수 있다.
2. 사료의 가공 방법에 대해서 알 수 있다.
3. 올바른 사료의 선택에 대해서 이해 할 수 있다.

의학의 아버지라고도 불리는 히포크라테스는 이런 이야기를 했다. "음식으로 못 고치는 병은 약으로도 못 고친다" 이는 음식의 중요성에 대한 이야기를 한다고 생각한다. 반려동물의 경우 사람들과 다르게 말을 못하기 때문에 더욱 더 건강에 신경을 써야 하고 그러기 위해 가장 중요한 것은 먹는 것이라고 생각한다. 이번 챕터를 통해서 반려동물의 먹거리인 사료와 간식에 대해서 이해하고 그 종류와 선택 방법에 대해서 알아보도록 한다.

1절 반려동물 사료의 종류

사료란 무엇일까 대한민국 사료관리법 2조에 의하면 "사료"란 「축산법」에 따른 가축이나 그밖에 농림축산식품부 장관이 정하여 고시하는 동물·어류 등(이하 "동물 등"이라 한다)에 영양이 되거나 그 건강유지 또는 성장에 필요한 것으로서 단미사료(單味飼料)·배합사료(配合飼料) 및 보조사료(補助飼料)를 말한다. 이처럼 사료의 건강유지 및 성장에 필요한 성분들을 함유하고 있는 먹거리를 이야기한다.

동물들의 사료는 영양과 배합의 형태 그리고 가열 혹은 수분의 함량에 따른 구분으로 구분과 주성분에 의한 구분으로 해서 4종류를 나눌 수 있다. 먼저 사료에 영양가에 따른 분류로 3가지로 나누어지게 되는데 이는 조사료, 농후사료, 보충사료로 구분되게 된다. 배합의 형태로는 단미사료, 배합사료, 혼합사료 등으로 구분하고 단미와 배합 그리고 혼합 사료의 경우 사료의 성분이 단일 성분으로 구성되어 있는가 아니면 2개 이상의 재료를 분쇄 후 혼합하여 만들었는가, 아니면 단순히 2개 이상의 재료를 혼합하였는가로 구분하게 된다. 또, 열 혹은 수분의 함량에 따른 구분 등으로 건사료, 반건조사료, 습식사료 등으로 구분하게 되고, 주성분에 따른 구분으로는 단백질사료, 전분질사료, 지방질사료, 섬유질사료, 무기질사료 등으로 구분할 수 있다.

이렇듯 사료의 종류는 굉장히 다양한데 이는 보는 시선에 따라 사료의 종류를 다양하게 정의할 수 있음을 가르치고 있고 제조의 기준 역시 어떠한 기준으로 가졌는가에 중점을 둬야 한다는 점을 강조한다고 볼 수 있다.

1. 영양가에 따른 구분(조사료, 농후사료, 보충사료)

영양가에 따른 구분으로 조사료와 농후사료 그리고 보충사료로 구분이 되며 조사료(roughages)의 경우 영양소 공급능력에 비해 부피가 크며, 섬유소의 함량이 높고 거치고 가격이 싼 사료 등이 여기에 포함된다(볏짚, 야초, 목초, 사일리지, 건초 등). 시골이나 도로에서 논을 지나가면 마시멜로처럼 생긴 것을 볼 수 있는데 이는 베일(bale)이라고 하며 압축된 건초 꾸러미들을 만들어 놓은 것이고 흔히 볼 수 있는 원통형의 경우 작게는 350kg에서 많게는 800kg까지 건초를 압축해 놓은 것들이 있다.

농후사료(concentrates)의 경우 부피가 작고 조섬유함량이 낮으며 단백질, 가용성무질소물(Nitrogen free extracts, NFE)의 함량이 높은 사료를 이야기하며 대부분의 원료가 곡류, 강피류, 박류가 여기에 포함이 된다.

보충사료(supplementray feeds)의 경우 소량을 사용하여도 특정 영양소를 충분히 공급할 수 있는 사료들이 여기에 포함되며 사료첨가제 라고도 이야기한다. 보조사료와 동일하다고 볼 수 있으며 생균제, 비타민제 등이 여기에 포함된다.

영양가에 따른 구분은 주로 반추동물의 사료에서 많이 사용되는데 반추동물의 사료에선 TMR(Total Mixed Ration) 사료를 많이 사용하고 있다. TMR 사료는 완전혼합사료라고 하며, 반추동물(소, 양 등)의 영양소 요그를 충족시키기 위해 다양한 사료 성분을 미리 혼합하여 제공하는 방식의 사료이서 많이 활용된다. 주로 축산업에서 사용되며, 젖소, 비육우 등 고품질의 생산성을 요구하는 반추동물에게 적합한 사료이다.

2. 배합에 따른 구분(단미사료, 배합사료, 보조사료, 혼합사료)

사료는 필요 목적에 따라서 다양한 원료를 사용하게 된다. 이때 원료를 단독으로 사용하는지 혹은 원료의 효율을 높일 수 있는 물질과 사용하는지 아니면 모든 것을 섞어서 내가 원하는 새로운 비율을 만들어 사료로 공급하는지로 구분할 수 있다. 이를 단미사료, 보조사료, 배합사료라 하며 국내에서는 농림축산식품부에서 고시한 법령에 따라 사료가 제작되고 있다.

단미사료와 보조사료의 경우 국립축산과학원장이 사용 가능하다고 인증하는 각각의 범위의 물질을 단독 사용하는 것을 이야기하고, 배합사료의 경우 이들을 적절한 비율로 배합한 사료를 이야기한다. 특징적으로 각 단미와 보조사료의 경우 혼합형으로 사용 가능한데, 혼합사료의 경우 단미사료와 혼합 할 수 있는 물질들이 정해져 있는데 여기에는 동물성사료와 함께 식물성, 광물성, 기타 단미사료, 보존제, 향미제 등이 포함되며, 간단하게 단미사료와 보조사료가 혼합된 것은 적절한 비율로 배합된 것은 배합사료이고 단미사료와 소량의 보존제 혹은 향미제가 혼합된 것을 혼합사료라 이야기한다.

1) 단미사료(Single Feed)

식물성·동물성 또는 광물성 물질로서 사료로 직접 사용되거나 배합사료의 원료로 사용되는 것으로서 농림축산식품부 장관이 정하여 고시하는 것을 말한다. 단미사료의 범위에는 크게 4가지로 구분되는데 1. 식물성, 2. 동물성, 3. 광물성, 4. 기타, 5. 혼합성으로 구분을 명시하고 있다. 혼합성의 경우 둘 이상의 단미사료를 혼합한 것으로 반려동물의 경우 보존제와 향미제에 한해서 허용하고 있다.

2) 보조사료(Supplementary Feed)

사료의 품질저하 방지 또는 사료의 효용을 높이기 위하여 사료에 첨가하는 것들을 이야기한다. 여기에 포함될 수 있는 범위에는 여러 가지가 있는데 먼저 1. 결착제, 2. 유화제, 3. 보존제, 4. 아미노산제, 5. 비타민제, 6. 효소제, 7. 미생물제, 8. 향미제, 9. 비단백태질소화합물, 10. 규산염제, 11. 완충제, 12. 착색제, 13. 추출제, 14. 올리고당, 15. 기타, 16. 혼합제 등이 여기에 포함이 된다. 범위를 벗어나는 것은 사용할 수 없으며 만약 사용하고자 하면 국립축산과학원장의 허가가 필요하다.

3) 배합사료(Compound feed, mixed feed)

사료를 단미사료, 보조사료 등을 적정한 비율로 배합 또는 가공한 것을 이야기한다. 배합사료의 범위의 경우 1. 양축용 배합사료, 2. 프리믹스용 배합사료, 3. 대용유용 배합사료, 4. 반추동물용 섬유질배합사료, 5. 그 밖의 동물·어류용 배합사료로 구분되는데 우리가 키우는 반려동물의 경우 5권에 해당된다. 사료회사별로 본인들만의 특별한 배합비를 통해서 사료를 제작하고 있으며, 최근에는 반려동물의 간식에서도 배합사료의 형태로도 출시되고 있다.

최근 발표된 "한국형 반려동물 사양 표준 가이드라인"에 따르면 사료 원료를 대체 가능한 대체원에 대한 내용과 첨가물에 대한 내용이 다루고 있다. 본문에 따르면 식물성원료인 전지대두는 사료 내 옥수수 글루텐, 계지 및 쌀 싸라기를 대체 가능하며, 10–0% 대체 시 장 건강, 대변 형태, 기호성 및 섭취량을 개선시킬 수 있다고 보고하였다(Kim HS 등, 2023). 두과작물은 항영양인자와 올리고당으로 인해 소화율 및 분변 상태에 악영향을 미칠 수 있지만 지질 함량이 낮아 반려동물 사료에 잠재적인 대체원으로의 가능성을 보인다. 이러한 특성 덕분에 두과작물(병아리콩, 녹색 렌틸콩 및 땅콩가루)를 반려동물 사료에 대체 시 기호성, 분 내 단쇄지방산 및 분 내 미생물 균총을 개선시킨다(Rilly LM 등, 2021). 또한, 수수는 탄수화물 공급 대체원으로 잠재적인 가능성을 보이며, 반려모 사료 내 옥수수를 수수로 대체 시 영양소 소화율을 개선시킨다(Von Schaumburg P 등, 2021). 축산부산물의 경우 축산부산물은 일반적으로 식용을 목적으로 하는 가축의 도축 및 가공 과정에서 발생되는 지육 및 정육을 제외한 내장과 그 밖의 부분을 지칭한다. 예로 들어 육골분, 육분, 우모분, 혈분 및 육분 등등이 있으며, 육골분 및 우모분을 각각 12% 및 5% 반려견 사료 내 대체 시 부정적인 영향을 보이지 않았다(Abd El-Wahab A 등, 2022). 곤충원료의 경우 곤충 단백질은 반려동물의 건강 및 성장에 매우 유익한 성분을 포함하고 있으며, 고단백 식품으로 필수아미노산, 비타민 및 미네랄 등이 풍부하여 반려동물의 영양을 충족시킬 수 있다. 또한, 곤충 단백질은 알레르기 성분이 거의 없어 다양한 반려동물에게 안전하게 제공될 수 있다. 동애등에는 사료 내 계육분 및 어분을 대체 가능하며, 5-5% 대체 시 기호성, 영양소 대사 및 건강을 개선 시킬 수 있다고 보고하였다(Wei Y 등, 2024). 첨가물로서는 식이섬유와 해산물 부산물 그리고 생균제를 다루었고 먼저 식이섬유는 반려동물 사료의 에너지 밀도를 낮추고 에너지 소비와 소모 사이의 조정을 촉진하여 이상적인 체중을 유지하는 데 도움이 된다. 또한, 설사 및 묽은 변의 상태를 개선시킨다. 그 중 구아바는 불용성 섬유질이 풍부하여 사료 내 3% 첨가 시 기호성 및 분변 성상을 개선시킨다(Monti M 등, 2023). 해산물부산물의 경우 해산물부산물은 부적절한 폐기물 처리로 인한 해양 생태계 오염 및 생물 다양성을 시킨다.

이로 인해 현재 효율적인 재활용과 처리 방안 마련을 위해 사료 대체원으로 연구 중에 있다. Guilherme-Fernandes J(2024) 연구에서는 오징어(Dosidicus gigas) 부산물 및 새우(Litopenaeus vannamei) 가수분해물 첨가 시 소화율 개선, 분변 악취 저감 및 장 내 환경을 개선시킬 수 있다고 보고하였다. 생균제(Probiotics)의 경우 반려동물의 장 건강을 개선시키고 질병을 완화하는데 활용될 수 있는 다양한 이점을 가지고 있는 첨가제이다. 또한, 생균제 Enterococcus faecium 및 Bifidobacterium lactis 는 비만견의 체중 감량 및 장내 균총을 개선시킨다는 연구 결과가 보고되었으며, 성견 사료 내 Pediococcusacidilactici 첨가 시 면역력 및 체내 항산화 작용 개선 및 단쇄지방산을 증가시켜 장 내 미생물 균총을 개선시킨다는 연구도 보고되었다(Kang A 등, 2024; Zhao M 등, 2024) 국립축산과학원. 2024. 반려동물 사료 영양표준(개·고양이): 1판.

3. 가열 혹은 수분의 함량에 따른 구분

반려동물의 시장이 성장하면서 반려동물에 대한 먹거리에 관심도 증가하여 다양한 형태로 사료를 급여하고 있다. 자신의 반려동물에게 알맞은 영양소와 취향을 찾아서 불편하지만 요리를 하여 제공하는 경우들이 늘어나고 있는데 이러한 사료들을 가열 혹은 수분의 함량의 형태로도 구별하여 노았다.

표 3-1 가열 및 수분함량에 따른 간식 유형

유형	가열 여부	특징	주요 장점	주요 단점	수분 함량(%)
생식(Raw)	× 없음	자연 상태 유지	단백질 풍부, 소화 용이	병원균 위험, 관리 어려움	65~75%
화식(Cooked)	☑ 있음	가열한 신선 재료	기호성 높음, 병원균 감소	일부 영양소 손실 가능	50~60%
동결건조식	☑ 저온 처리	물만 제거, 영양 보존	보관 용이, 영양소 보존	가격이 높음	2~8%
건식 사료	☑ 고온 가공	압출로 경화된 질감	경제적, 보관 용이	기호성 낮을 수 있음	6~10%
습식 사료	☑ 고온 가공	캔 또는 파우치 포장	수분 보충, 기호성 높음	보관 기간 짧음	75% 이상
반습식 사료	☑ 중온 가공	부드러운 질감	이가 약한 동물에 적합	인공 첨가물 포함 가능	25~35%
홈메이드 사료	☑ 있음/× 없음	직접 조리	신선한 재료 사용, 맞춤식 제공	시간 소모, 영양 균형 어려움	50~70% (조리 방식에 따라 상이)

사료에 있어서 가열과 수분함량의 경우 중요한 사항으로 볼 수 있다. 가열에 여부에 따라서 사료의 영양소 파괴에 대해서 생각해 볼 수 있고 또 병원균의 관리에 대해서도 생각해 볼 수 있다. 수분 함량의 경우 사료의 질감 혹은 먹이 용이한 정도와 영양소 보존 그리고 사료의 유통기한 여부를 결정할 수 있다.

1) 생식(Raw Food)

생식은 가열이나 조리 과정을 거치지 않은 신선한 고기, 내장, 뼈, 채소 등을 제공하는 자연식 형태의 사료이다. 이는 반려동물의 본래 식습관(야생의 먹이 섭취 방식)을 모방한 식단이다. 생식의 주요 구성 요소로는 먼저 동물성 단백질로 신선한 생고기(닭, 소, 오리, 양 등), 내장(간, 심장, 신장 등), 뼈(특히 날뼈는 칼슘 공급원)을 활용하며 다음 채소와 과일로는 당근, 브로콜리, 사과 등, 비타민과 섬유질 제공한다. 보충제 역할로 필수 지방산(생선 오일), 비타민, 미네랄 등을 포함하여 구성한다.

생식의 장점으로는 가열을 하지 않음으로 영양소의 보존을 이야기할 수 있다. 단백질과 비타민 효소 등의 손실이 다른 펫푸드에 비해 적은 편이다. 또한 따로 가열을 하지 않음으로 원재료 상태 그대로 급여가 가능하여 자연스러운 소화 과정을 지원하고 생식이 가지는 특유의 향과 식감으로 반려동물에게 높은 기호성을 가질 수 있다.

생식의 단점으로는 가열을 하지 않음으로 병원균의 오염 가능성이 높은 부분이 있다. 또한 생식에서의 가장 큰 단점인 부분으로 볼 수 있는 영양소의 균형이다. 배합이나 홈메이드식으로 식단을 구성할 때에는 반려동물에게 필요한 영양소를 맞춰서 구성하여 반려동물에게 꼭 필요한 영양소를 제공 가능하지만 단순히 생식으로 구성할 때에는 이런 부분들을 챙기는 것이 힘든 부분이 있다. 마지막으로는 보관 및 준비 과정의 번거로움이다. 생식을 진행할 때 냉장이나 냉동 보관이 필요하고 이를 해동이나 급여 과정에서 번거로움을 초래한다. 그럼에도 불구하고 생식을 급여하게 된다면 병원균의 오염을 방지하기 위한 철저한 원재료의 관리와 조리도구, 그릇 등을 철저히 세척하는 것을 필수로 하며, 뼈 등을 급여할 시 주의가 필요하다. 개나 고양이의 경우 날뼈의 경우 스스로 섭취가 가능하나 조리된 뼈의 경우 부러질 위험이 높음으로 조리된 뼈를 급여하지 않는 것이 중요하고 마지막으로 수의사와의 상담으로 반려동물의 건강 상태에 따라 생식 급여 여부를 결정하는 것을 권장한다.

2) 화식(Cooked Food)

화식은 고기와 채소 등의 재료를 가열해 조리한 반려동물의 식단을 말합니다. 수제 화식(홈메이드)이나 상업적으로 생산된 화식(레토르트 등)이 포함된다. 화식의 주요 구성 요소는 조리된 고기를 사용한다. 예를 들어 시중에서 흔히 사용되는 닭가슴살, 소고기, 돼지고기 등을 구입하여 익혀서 사용하고, 삶은 채소의 경우도 시중에 있는 채소를 삶아서 사용하고 탄수화물의 경우 고구마를 삶거나 쌀가루 등을 활용하여 영양소를 채우는 형태로 구성한다. 그 외에 부족한 영양소 등은 보충제나 첨가제를 활용하여 비타민, 미네랄, 필수영양소 등을 추가하여 밸런스를 맞춰준다. 화식의 가장 큰 장점은 재료를 가열하여 사용하기에 병원균을 제거하는 효과가 있다. 또한 조리로 인한 단백질과 섬유질의 형태가 부드러워져 소화 및 흡수가 용이한 것을 뽑을 수 있다. 반려동물에게 생식도 기호성을 높일 수 있지만 화식의 경우도 기호성을 높이는데 사용이 된다. 생식이 음식 자체로서의 끌림을 활용한다면 화식은 불을 활용한 향기의 증가로 기호성을 이끌 수 있다. 화식의 단점으로는 가열로 인해서 병원균을 제거하는 효과와 같이 영양소의 손실을 볼 수 있다. 가열과정에서 이루어지는 비타민 C, B군 등 수용성 비타민의 손실을 확인 할 수 있고 추가적으로 가열 과정의 추가를 통한 요리의 시간 증가를 뽑을 수도 있다. 가열의 상태에 따라 다르게 나타나겠지만 화식에서도 수분의 함량이 50~60% 정도가 될 수 있는데 이에 따라 유통기한의 설정이나 보관, 신선도 유지 등이 어려운 부분도 단점으로 볼 수 있다. 마지막으로 가열을 하는 과정에서 조리도구의 오염방지를 위해 항상 청결한 상태를 유지해야 하며 추가적인 가미를 위한 소금이나 설탕 양념 등은 오히려 반려동물에게 해가 되므로 사용하지 않는다. 또한, 화식을 통한 영양소와 나이에 맞은 균형적인 식단을 설계 한다 하더라도 반려동물의 건강 상태에 따른 레시피를 설정해야 하기 때문에 수의사와의 상담은 꼭 필요한 부분이다.

3) 동결건조식(Freeze-Dried Food)

동결건조식은 생식이나 화식을 급속 냉동한 뒤, 저온 진공 상태에서 수분을 제거한 사료를 이야기한다. 동결건조 과정을 통해 원재료의 영양소와 맛을 최대한 보존하면서도 장기간 보관이 가능하도록 만든 사료이며, 사료보단 간식에서 주로 활용되었으나 최근에는 반려동물의 사료로도 출시되고 있다. 동결건조식의 주요 특징으로는 수분 제거를 통하여 수분의 함량이 2~8%로 굉장히 낮은 상태이며, 이러한 상태에서는 상온에서 장기 보관이 가능하다. 또한 동결건조의 가장 큰 장점인 재수화 과정을 통한 원상복구로 급여 시 수분을 추가한다면 언제든지 원래 상태로 돌릴 수 있다는 점이 큰 장점이다. 동결건조의 수분 제거 과정에서는 가열을 통한(고온) 과정이 없기 때문에 단백질, 비타민 등의 영양소가 거의 파괴되지 않으며 수분 제거를 통한 무게의 최소화도 장점으로 볼 수 있다. 생식의 장점과 화식의 장점만 따온 형태라고도 볼 수 있다. 하지만 동결건조는 따로 동결건조 공정 과정이 포함되기에 일반적인 과정들보다는 단가의 책정 기준이 높게 형성되어 있다. 또한 급여 시 물을 활용하지 않고 건조 형태에서 가루나 토핑으로만 활용한다면 수분의 추가 보충 부분이 필요할 수 있다. 마지막으로 수분이 상당한 부분이 제거된 상태이므로 딱딱한 상태라고 볼 수 있는데 이러한 상태에서는 반려동물에게 맞지 않는 상태일 수도 있다. 동결건조식의 보관 및 관리는 직사광선을 피해 건조하고 서늘한 곳에 보관할 것을 권장하며 개봉 이후에는 밀폐 상태를 유지하여 수분 흡수를 방지하여야 한다. 기본적으로 상온 보관 시 12~24개월로 유통기한이 길게 유지가 되는 편이지만 개봉 이후에는 빠른 소비를 권장하며 동결건조식이 적합한 대상은 자견이나 자묘 등 어린 대상들에게 물에 불려 사료를 급여하는 방법이 좋은데 동결건조식은 재수화를 통한 부드러운 상태로 급여가 가능하기에 어린 동물들에게 적합하며 노령 동물에게도 잘 맞는 제조 방식이라고 볼 수 있다.

수분에 따른 구분으로는 건식, 약 건식, 반습식, 습식 캔형, 그 외 습식형으로 구분할 수 있다. 건식의 경우 수분 함유량이 10% 이하인 사료를 이야기하며 대부분 가열 발포 처리한 고체 형태를 이루고 있다. 수분 함유량이 13% 이상이면 곰팡이의 발생으로 12% 이하를 유지하기 위해 대부분 건식 사료는 수분 함유량을 10% 이하로 만들어지고 있다.

약건식의 경우 수분 함유량이 25~35% 정도인 사료로, 가열 발포처리되어 있으며 촉촉함을 유지하기 위해서 습도 조절제를 사용한다.

반습식의 경우 수분 함유량이 25~35% 정도인 사료로 압축기 등으로 만들어 발포 처리하지 않은 사료를 이야기한다. 촉촉함을 유지하기 위해서 습도 조절제를 사용한다.

습식 캔형의 경우 수분이 75% 정도로, 품질 유지를 위해 살균 공정을 거쳐 통조림에 충전한 사료를 이야기한다.

그 외 습식형의 경우 수분 75% 정도로, 품질 유지를 위해 살균 공정을 거쳐 알루미늄 용기나 레토르트 파우치에 충전한 사료를 이야기하며 대표적으로 고양이용 스틱형 간식으로 제품명이지만 대명사처럼 츄르라고 이야기한다.

2절 사료의 가공 방법

1절에서는 사료의 다양한 종류 및 구분 방법에 대해서 알아보았다. 2절에서는 사료의 가공 단계 혹은 공정에 대해서 알아보고자 한다. 우리가 제공하는 사료 등이 어떠한 제조 과정을 통해서 이루어지는지에 대해서 간단하게 알아 볼 수 있는 시간이며 이를 통해서 사료의 형태 혹은 제형이 이해가 가능하며 사료의 제형(형태)은 사료가 구성성분이나 가열이나 수분의 함량 상태에 따라서 소화율의 차이를 보일 수 있지만 제형에 따라서 역시 소화나 흡수 과정의 차이를 보일 수 있다.

1. 훈증압착(Steam flaking)

증기압편(蒸氣壓片)이라고도 하며, 주로 곡류를 수증기 처리한 후에 롤러로 눌러서 납작하게 만드는 공정이다. 주로 곡류를 수증기 처리한 후 롤러로 눌러서 납작하게 만드는 공정을 통한 사료 제작 방식이다.

2. 수침(Soaking)

사료 원료 중의 단단한 알곡이나 조사료원을 적정 시간 물에 담가두었다가 사료로 이용하는 방법이다.

3. 분쇄(Grinding)

일반적으로 곡류 등의 농후사료를 분쇄하는 것을 말하며, 분쇄(分碎)의 정도는 가축의 종류에 따라서 다르다. 소같은 것은 너무 미세한 입자의 것보다 조금 입자가 큰 것을 좋아한다. 볏짚류나 초류 같은 것을 분쇄할 경우는 기다란 그대로 또는 적당한 길이로 세절(細切)한 것보다 도리어 소화율이 떨어지는 경향이 소 등에서 확인이 된다. 또 이와 같이 분쇄한 건초 등의 조사료는 가축의 기호를 현저하게 떨어뜨릴 우려가 있다.

4. 후레이크(Flake)

박편(薄片)이라고도 하며, 후레이크는 사료를 납작하게 압편(壓片)한 것을 말한다. 후레이크에는 곡류를 단순히 롤러로써 압편한 것, 쪄가지고 압편한 것, 건열가열후(乾熱加熱後) 압편한 것 등이 있다. 후레이크로 한 곡류는 분(糞)중에 곡류의 낱알이 그냥 나오는 일이 없고 증체(增體)나 사료효율이 개선된다고 알려져 있다. 그러나 대상(對象)으로 하는 가축, 처리하는 곡류, 가열 방법 등에 따라서 다르기 때문에 효과와 비용을 잘 검토해서 사용할 필요가 있다. 현재 스팀 또는 적외선(赤外線) 가열(加熱)한 뒤에 압편한 옥수수, 수수, 보리 등이 소의 일부에 사용되고 있다. 압편하는 두께는 소의 경우 0.8mm 정도이다.

5. 추출(Extraction)

추출(抽出) 방법에는 용매추출(溶媒抽出: Solvent Extraction)과 기계추출(機械抽出: Mechanical Extraction)이 있다. 용매추출은 지방이나 기름을 유기용매를 사용하여 추출해내는 공정을 말하며 보통입자도는 작게 처리한다. 기계추출은 열과 기계적인 압착에 의하여 유실류나 기타 다지방물질르부터 유지를 제거하는 작업을 말한다.

6. 펠렛(Pellet)

펠렛이란 일반적으로 분말사료를 특수한 기계(펠렛터)를 사용하여 특정한 모양으로 굳힌 것을 말한다. 펠렛의 특징은 제조·수송·급여 시의 소모 방지, 가축의 선택 채식의 방지, 저장장소의 절약, 급여 시간·노력의 절약, 첨가사료의 안전, 확실한 급여 등에 적합하다는 점이고 나아가 소화율 향상 등의 이점도 있으나, 반면 품질을 육안으로 식별하기가 곤란하며 제조가공비(製造加工費)가 많이 든다는 등의 결점도 있다.

7. 큐브(Cube)

고형사료(固形飼料) 중에서 각형(角形)으로 성형한 사료를 큐브라고 부르고 있다. 일반적으로 알팔파 등의 건초를 큐브로 만든다. 큐브로 만들면 건초의 섭취량이 증가되고 펠렛한 건초와는 달리 유지율(乳脂率)의 감소를 야기시키지 않는다.

8. 베일(Bale)

곤포(梱包)라고도 하며, 가축의 저장용 조사료로 이용하기 위해 만든 압축된 건초 꾸러미를 말한다. 형태에 따라 장방형(rectangular type, 25~50kg)과 원통형(round type, 350~800kg)이 있다(농업기술포털 "농사로").

9. 익스트루전(Extrusion)

대부분의 반려동물 사료 등이 익스트루전 가공 방식을 활용하고 있다. 시중에 나와 있고 흔히 우리가 접하는 강아지와 고양이의 사료는 이 방식을 활용한다. 원료를 고온과 고압 상태로 익스트루더(Extruder)라는 장비를 통과시켜 팽화(Expanding)한 사료를 이야기한다. 원료가 뜨거운 물과 증기에 의해 가열된 후, 틀(다이)을 통해 모양을 형성하며 가공 온도가 120~180℃으로 높게 형성된 것이 특징이며 원료가 팽화로 인해서 가볍고 부드러운 질감을 가지는 것이 특징이다.

3절 반려동물 사료의 성분

반려동물의 사료나 간식의 뒷부분에는 일반조성분을 필수로 표기하게 되어 있는데 이러한 일반조성분은 5가지로 구분되어 있다. 먼저 수분, 조단백질, 조지방, 조섬유, 조회분으로 구분되어지며 수분은 사료의 수분의 함량 상태를 확인하고 조단백질의 경우 사료의 질소 형태는 대부분이 단백질이므로 조단백질의 함량에 따라서 단백질함량을 추정할 수 있다. 조지방의 경우 글리세라이드(Glyceride) 외에도 지방산, 밀랍, 스테로이드, 캐로티노이드, 수지류 등 여러 가지를 함유하고 있다. 조섬유의 경우 셀룰로오스 외에도 키틴, 리그닌, 펜토산 등의 일부가 섞여 있으며 조섬유의 함량과 사료의 영양가는 밀접한 관계가 있으며 반비례적인 관계를 가지고 있다. 즉, 조섬유의 함량이 높으면 높을수록 영양가치는 떨어진다고 볼 수 있다.

1. 수분(Moisture)

수분은 모든 생물에서 가장 많은 부분을 차지하며 체내에서 여러 가지 생리적 기능에 관여한다. 영양소를 세포로 운반하고 노폐물을 체외로 배출시키며, 생명체의 형태를 유지시키고 혈액의 대부분을 이룬다. 그리고 수분은 몸의 대부분의 화학적인 반응에 필요하고 체내 냉동장치 역할을 하고 윤활유의 역할을 하는 물질로 생명체에 없어서는 안 되는 중요한 물질이다.

2. 건물(Dry Matter: DM)

수분이 제거된 상태의 물질. 시료를 100~105℃에서 건조할 때에 증발되어 소실되는 것은 수분이고 남는 것을 건물(乾物)이라고 한다. 시료를 건조해서 공기 중에 방치해 두면 수분함량이 10~15%로 된다. 이와 같은 건조 상태의 것을 풍건물(風乾物)이라고 한다.

3. 조단백질(Crude protein: CP)

사료의 질소함량을 켈달법에 의해서 정량(定量)한 질소함량에다가 6.25를 곱한 것을 조단백질(粗蛋白質) 함량이라고 한다. 보통, 사료의 질소 형태는 대부분이 단백질이므로 조단백질에 따라서 대략의 단백질함량을 추정할 수 있다. 조단백질에는 단백질 이외의 질소화합물 즉, 암모니아, 아마이드, 아미노산, 키틴 등 모든 질소화합물이 포함된다. 조단백질의 질소함량을 16%로 가정(假定)해서 그 계수(係數)를 정해 놓았다.

4. 조지방(Ether extract, crude fat: EE)

사료를 건조시켜서 에테르로 추출한 후 추출된 성분을 조지방(粗脂肪)이라고 한다. 조지방에는 글리세라이드 외에도 지방산, 고급 알콜, 밀랍, 스테로이드, 캐로티노이드, 수지류 등, 여러 가지를 함유하고 있다. 비누화된 고급지방산(高級脂肪酸)은 에테르에 의해서 추출되지 않으므로 이런 물질을 많이 함유하는 경우에는 산(酸)으로 가수분해한 후 추출한다.

5. 가용무질소물(Nitrogen free extract: NFE)

수분, 조단백질, 조지방, 조섬유, 조회분의 다섯 성분을 총합한 수치(%)를 100에서 차감(差減)한 값을 말한다. 전분, 당, 펜토산 등 가축의 에너지원으로서 중요한 성분이 여기에 포함된다. 그러나 조사료의 경우는 리그닌의 일부가 N.F.E 중에 함유된다.

6. 조섬유(Crude fiber: CF)

사료를 약산(1.25% H_2SO_4)과 약알칼리(1.25% NaOH)로써 차례로 끓인 뒤 알코올 및 에테르로써 차례로 씻어낸 후의 잔류 물질로부터 회분(灰分)을 제(除)한 것이다. 이렇게 해서 얻어진 조섬유(粗纖維)는 셀룰로스 외에도 키틴, 리그닌, 펜토산 등의 일부가 섞여 있다. 키틴을 함유하는 경우에는 별도로 조섬유의 질소함량을 측정해서 조단백질을 보정한다. 조섬유의 함량과 사료의 영양가와는 밀접한 관계가 있고 보통, 조섬유의 함량이 많을수록 사료의 영양가치는 떨어진다.

7. 조회분(Crude Ash: CA)

사료를 도가니에 넣고 550℃에서 연소시켜 남은 재를 조회분이라고 한다. 조회분은 소량의 탄소 잔존 또는 알칼리염류의 증발 등으로 인해 무기염 총량과 어느 정도는 다를 수도 있다. 또 토사를 함유하는 경우에도 사료가 본래 가지고 있던 무기염총량(無機鹽總量)과의 차이가 생긴다. 토사(土砂) 및 잔존 탄소를 제거한 것을 순회분(純灰分)이라고 한다(농업지식포털 "농사로").

4절 올바른 사료의 선택

올바른 사료의 선택이란 무엇일까, '인생을 함께한다'는 반려동물에게 좋은 것을 먹이고 싶은 것은 모든 반려동물을 키우는 반려인에게 궁극적인 목표라고 할 수 있다. 결론부터 이야기하자면 좋은 사료랑 반려동물에게 현재 잘 맞는 사료라고 할 수 있다. 반려동물을 다양한 시기를 맞이하고 다양한 상황에 놓여져 있다. 강아지가 성장기인지, 혹은 어딘가를 다쳐서 처방식이 필요하지 않은지, 임신 중이여서 좀 더 영양가가 높은 사료를 필요로 하지 않은지 우리는 반려동물의 주인으로서 말을 못 하는 반려동물을 위해서 좀 더 알아가고 배워야 할 부분들이 많이 있다. 이러한 부분들은 7장 에너지 요구량과 급여량에서 좀 더 자세히 배울 수 있고 나아가 3부에서 진행되는 사양 표준에서 적합한 급여에 대해서 알 수 있다.

1. 사료의 부작용

사료에 있어서 필요한 영양소와 각 영양소의 역할 그리고 사료의 종류와 그 가공 방법에 대해서 알아보았지만 우리는 아직 사료에 대해서 걱정하고 있는 부분들이 있다. 시대적으로 사료들은 이슈가 되었던 적이 많이 있다. 옛날 ANF 사료부터 최근의 고양이 집단 사망 사태를 초래한 사료까지 그래서 이번에는 사료에서 나타날 수 있는 부작용들과 사례들에 대해서 알아 보고자 한다.

먼저 사료의 부작용에 정의에 대해서는 2024년 국립축산과학원에서 발표한 반려동물사료표준에 따르면 사료 부작용은 사료나 첨가제를 섭취한 후의 비정상적이거나 과장된 임상적 반응을 의미한다. 이는 '면역 매개(알레르기 또는 과민증) 또는 면역 매개가 아닌(사료 불내성) 반응일 수 있다(Reedy LM 등, 1997).'라고 정의하고 있다. 그렇다면 알레르기란 무엇일까 사료에 대한 면역 매개 반응으로서 가려움증, 설사 및 구토와 같은 소화 장애 등을 유발할 수 있다. 또 사료에 대해서 알레르기 성이 아닌 반응을 보이는 것이 있는데 이는 과민증 증상과 부작용으로 볼 수 있다. 비알레르기성 과민증의 경우 사료 특이체질과 사료 불내증으로 구분하여 볼 수 있고 먼저 특이체질의 경우 사료 성분에 대한 비면역 매개 반응으로서, 사료에 대한 면역 매개 반응(알레르기)과 유사한 임상 증상을 유발하며, 사료 불내증의 경우 면역학적으로 매개되지 않는 상태로, 대사적 결핍 등에 의한 과민 반응을 이야기한다.

사료의 부작용은 특정량 이상 섭취 시 발생하는 것이 대부분인데 독성반응에 대한 이상 반응으로는 양파 등을 섭취하였을 때 나타나는 부작용 등을 이야기하고 미생물학적 반응은 오염된 미생물이 방출된 독소에 대한 이상 반응을 이야기한다. 약리학적 반응으로는 초콜릿이나 제대로 보관되지 않은 등푸른생선의 섭취에 의해서 히스타민 농도가 상승하여 알레르기 반응이 나타나는 것을 이야기한다. 무분별한 식습관으로 인한 부작용도 있는데 이는 폭식이나 소화가 되지 않는 이물질의 섭취로 나타나게 된다.

1) 반려동물 사료 부작용

반려동물의 주요 임상증상은 가려움증이다(Rosser EJ 1993; Scott D 2001; White S 1986; White S와 Sequoia D, 1989). 알레르기가 있는 개에서는 말라세지아 또는 화농성 피부염과 같은 다른 피부 질환이 나타날 수 있다(Scott D, 2001; White S, 1986). 알레르기가 있는 고양이에서는 호산구성 플라크 또는 부분성 탈모가 나타날 수 있다(Scott D, 2001; White S, 1986). 사료 부작용은 반려동물의 모든 피부 질환 중 약 1~5%를 차지하며, 모든 고양이 피부 질환의 1~6%를 차지한다고 보고되었다(Reedy LLM 등, 1997).

약 10~15%의 개와 고양이의 알레르기는 설사와 구토와 같은 소화 장애 증상을 유발한다고 알려져 있다(Scott D, 2001). 반려동물 사료 부작용은 피부나 소화 장애(또는 둘 다)에 이어 사료 성분을 제거하는 과정을 통해 판단된다. 이상적으로는 피부 문제나 소화 문제(또는 둘 다)가 사라진 후 사료 성분을 다시 투여하는 테스트(의심되는 성분의 재도입)로 확인해야 한다(Helm RM, 2002; Wills J & Harvey R, 1994). 대부분의 원료는 고품질 단백질이 포함되어 있기 때문에 부작용을 유발할 수 있다. 반려동물에서 부작용을 유발하는 것으로 자주 보고되는 단백질원은 우유, 쇠고기, 달걀, 곡물 및 유제품 등이 있으며, 밀, 대두, 닭고기, 옥수수도 중요한 알레르기원으로 보고되고 있다(Wills J & Harvey R, 1994).

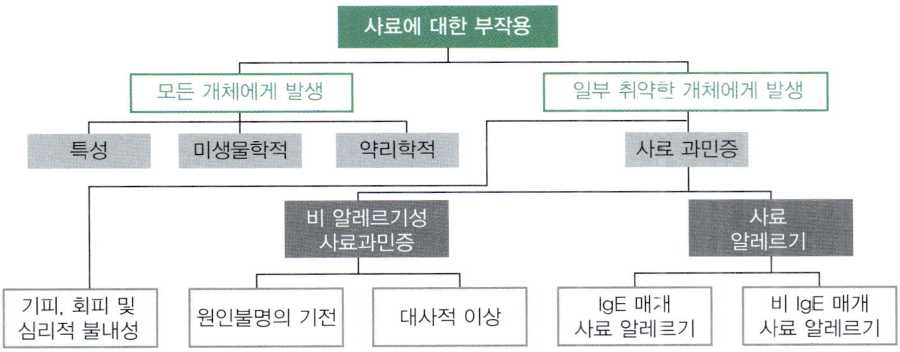

2. 주요 사례

표 4-1 년도별 사료관련 이슈

년도	사건 설명	사건 결말	추가 조치
2007	중국산 원료에서 멜라민이 검출되어 다수의 반려동물이 신부전으로 사망.	전 세계적으로 100여 개 이상의 사료 브랜드가 리콜.	– 미국 FDA가 사료 원료의 공급망 추적 시스템 강화. – 제조사 품질 관리 기준 엄격화.
2018	Grain-Free 사료와 확장성 심근병증(DCM)의 연관성 논란.	FDA가 조사 결과 일부 Grain-Free 사료가 DCM과 관련 가능성이 있다고 발표.	– FDA가 관련 연구 진행 및 소비자 권고. – 제조사들 타우린 추가 및 레시피 조정.
2019	Hill's Pet Nutrition의 습식 사료에서 비타민 D 과다 함량이 발견되어 리콜.	전 세계적으로 30여 종의 제품이 리콜.	– Hill's Pet Nutrition이 제조 공정 및 품질 관리 강화 발표. – FDA가 비타민 D 허용 농도 규정 재확인.
2012~2021	Salmonella 오염으로 여러 사료 브랜드가 리콜.	다수의 브랜드 제품이 리콜 조치. 소비자에게 반품 및 환불 안내.	– 제조 공정에서 위생 및 살균 절차 강화. – FDA가 Salmonella 검사 절차 확대.

년도	사건 설명	사건 결말	추가 조치
2015	중국산 Jerky 간식을 섭취한 반려동물들이 신장 및 간 질환으로 사망.	1,000마리 이상 반려동물의 사망 보고. FDA가 해당 간식에 대한 대규모 조사를 실시.	- 제조사들이 중국산 원료 사용을 중단하거나 투명성 강화. - FDA가 Jerky 간식의 원료 출처 및 가공 과정을 지속적으로 모니터링.
2022	ASF(아프리카돼지열병)로 인해 돼지 부산물을 포함한 사료 원료 사용 논란.	ASF 바이러스가 사료를 통해 전염되지 않는다는 연구 결과 발표. 소비자 우려는 지속.	- ASF 감염국에서 수입되는 원료에 대한 검역 강화. - 농림축산식품부가 안전성 홍보 및 정보 제공.
2020~	방부제와 첨가물 사용 논란. BHA, BHT, 에톡시퀸 등 화학 방부제의 안전성 문제 대두.	일부 브랜드가 천연 방부제 사용으로 전환. 소비자 신뢰 회복 시도.	- AAFCO와 FDA가 방부제 허용 기준 검토. - 소비자에게 성분표시 의무화 강화.
2020~	사료 라벨링과 허위 광고 문제. "Human-Grade", "Organic" 등의 용어 사용이 실제 기준을 충족하지 않음.	제조사에 벌금 부과 및 일부 제품 판매 중단.	- FDA가 라벨링 규정 강화. - AAFCO가 용어 정의를 명확히 하고 소비자 안내 자료 배포.

지금까지 다양한 사료의 종류에 대해서 알아보았다. 그렇다면 이러한 많은 사료를 반려동물에게 어떻게 적용하여 먹일 것인지 대해서 알아보자. 먼저 이 부분을 알기 위해서 앞선 부분에서 배웠다. 기본 영양학에 대한 지식들이 필요하다. 어떠한 영양소에 어떻게 적용이 되고 그러한 부분들이 필요한 것과 부족할 때 나타나는 부분에 대해서 알고 있다면 좀 더 쉽게 이해할 수 있다.

5장 간식의 종류와 선택

학습목표

1. 간식의 다양한 종류에 대해서 알 수 있다.
2. 올바른 간식의 선택에 대해서 이해 할 수 있다.

간식과 상업은 떼어낼 수 없는 부분이라고 생각한다. 먼저 간식은 주식의 개념이 아니기 때문에 먹지 않는다고 해서 반려동물이 성장 혹은 살아가는 데 문제가 되는 부분은 없다. 오히려 훈련이나 특수한 목적에 따라서 사용하는 것이 올바르다. 하지만 사람들도 주식 이외에 다양한 음식을 즐기듯이 현재에는 다양한 형태의 간식을 반려동물들이 즐기고 있다. 그렇다면 최초의 상업적 사료(간식)은 어디서부터 시작되었을까. 사료의 기원은 다양하게 있지단 공식적으로 기록된 부분은 기원전 116년에 로마 시인이자 철학자인 Marcus Terentius Varro는 개에게 고기와 뼈를 제공하고 우유에 보리를 보급하도록 권유한 "Farm Topics"라는 책에서 최초 발견되었다. 초기의 사료는 사람이 먹다 남은 부분을 공급하는 것이 대부분이였다. 이후 14세기가 끝날 무렵, 프랑스 남서부에 있는 Foix Count의 11번째 백작이자 열렬한 사냥꾼인 가스톤 3세는 그의 사랑하는 그레이하운드를 어떻게 돌보아야 하는지에 대한 책을 썼다. 여기에는 밀기울 빵, 사냥에서 나온 고기의 일부, 개가 아플 경우, 염소 우유, 콩 국물, 다진 고기 또는 버터가 달린 달걀이 포함되어 있었다.

19세기 중반 중세 시대 동안 개는 일반 가정에서 사역견 혹은 사냥견으로 활용하였고 주로 양배추, 감자, 양파 및 빵 껍질 혹은 뼈나 남는 고기로 견주의 부유함에 따라 먹는 것이 다르게 주어졌다. 1800년대 중반의 개 또는 고양이의 주식으로는 사람들이 반려동물용 말고기를 구입하는 것으로 사용하였으며, 도시에서 일하는 말들이 도시의 거리에서 죽을수록 조금 더 다양해 섭취가 가능하였다. 산업 혁명과 19세기 중산층의 증가와 함께 일보다는 작업 동물로 시작하였다, 본래 사역견들은 은퇴 이후 처분을 하여야 되었지만 사역견들과 함께한 가족들의 입양으로 반려동물로 길들여진 개와 고양이를 유지하기 시작했다. 전기기술가였던 제임스 스프래트(James Spratt)는 약 1860년 영국에서 처음으로 상업용으로 준비된 반려동물 사료를 소개했다. 배에서 선원들이 먹기 힘든 비스킷을 버렸는데 이 비스킷을 먹는 개를 보고 나서 spratt는 첫 번째 개 비스킷을 고안을 하게 되었고, 성분으로는 밀 식사, 채소, 근대 뿌리 및 쇠고기 혈액이 섞여 있었다. 이 비스킷의 한 팩당 가격은 약 50파운드였는데 이는 이때 당시 숙련된 장인의 하루 일급과 맞먹는 가격으로 굉장히 비싸게 형성되었으나, Spratt는 새로운 시장 수요를 충족시키고 스포츠 개들을 위해(1978년 agility를 시작으로 1990년 flyball) 영국의 신사들에게 판매함으로써 성공을 이루게 되었다.

spratt의 사료는 상업용 사료(간식)의 시작을 알리게 되었고 이에 이어서 다양한 형태와 역사 그리고 사람들의 인식 변화가 맞물려 현재 간식의 형태가 되었다고 볼 수 있다.

1절 간식의 종류

1. 원료에 따른 구분

원료별로 강아지의 간식을 나눈다면 크게 육류 기반, 어류 기반, 채소 및 과일 기반 그리고 혼합으로 구분할 수 있다.

1) 육류 기반 간식

먼저 육류 기반 간식의 원료는 닭가슴살, 소고기, 오리 고기 등 다양한 육류를 활용하여 만든 간식들이며 가장 많이 소비되고 있는 간식은 닭가슴살이라고 볼 수 있다. 닭가슴살의 경우 알레르기나 원재료의 수급, 단가 등도 수월한 편이어서 비교적 낮은 가격대를 형성하고 있어서 소비자들이 많이 찾는다. 우리가 알고 있는 단미사료의 형태를 가지고 있으며 육류 기반이므로 고단백을 구성하고 근육 강화에 도움을 줄 수 있다. 하지만 반려동물 개체에 따라 알레르기를 유발하는 제품들이 상이하므로 꼭 확인 후 급여하는 것이 좋다.

2) 어류 기반 간식

어류 기반 간식의 원료는 북어, 연어, 열빙어 등이 많이 활용되고 있다. 그중 북어의 경우가 가장 많이 활용되고 있다. 북어도 닭가슴살과 마찬가지로 재료의 수급이나 단가가 활용하기에 적합하여 많이 사용되며, 소비자들에게는 특히 북어 특유의 향으로 인한 반려동물의 높은 기호성을 뽑을 수 있다. 이 외에도 연어 껍질 등을 활용하여 스틱 형태의 간식을 만드는 경우도 있는데 이는 어류에게 많이 포함하고 있는 오메가-3 지방산의 함유로 피부와 털 건강에 도움을 줄 수 있는 부분이 있기 때문이라고 볼 수 있다.

3) 채소 및 과일 기반 간식

채소 및 과일의 경우 고구마, 사과, 당근, 비트, 방울양배추 등 다양한 원재료를 활용하고 있으며 주로 동결건조를 통해서 최대한 영양소를 보존하여 급여하는 경우가 대부분이나, 반려동물에게 간식이 습관화되어 과체중이 된 경우 다이어트를 하기 위해 급여하는 경우가 있다.

4) 배합 간식

배합 간식의 경우 고기와 채소를 배합사료 형태로 만들어 급여하는 경우이다. 육류 및 어류 그리고 과일과 채소 마지막으로 첨가제까지 복합적으로 들어가는 경우가 대부분이며, 형태의 경우 동결건조를 통한 큐브화나 고열 건조를 통한 스틱화 등이 있다. 배합 간식은 단미의 형태로 부족한 영양소적 밸런스를 한 번에 맞춰주는 장점이 있고 이로 인해서 최근 많이 소비되고 있는 추세이다.

2. 기능성(용도)에 따른 구분

최근에 반려동물에 대한 연구가 활발히 진행되면서 다양한 기능성을 가진 간식들과 첨가제 등이 나오고 있다. 다만 기능성에서 소비자들이 꼭 알아야 할 부분은 기능성은 만병통치약이 아니라 도움을 줄 수 있는 부분이라는 것을 꼭 기억하고 구매를 하면 좋을 것으로 보인다.

1) 구강 관리 간식

예전부터 구강 관리 간식은 반려동물의 간식 부분에서 꾸준한 수요를 보이고 있었다. 덴탈스틱이나, 치석 제거용 간식으로 활용되고 반려동물에게 높은 기호성까지는 아니지만 씹는 즐거움을 제공하면서 치아 건강까지 챙겨주는 부분에서 반려동물과 소비자들 모두에게 꾸준히 소비되고 있다. 최근에는 형태의 변화로 단순히 딱딱한 간식이 아니라 소프트하지만, 치석 제거에 도움을 주거나 미백이나 치석 제거에 도움이 되는 성분으로 만든 제품들도 나오고 있다.

2) 영양 보충 간식

영양 보충 간식의 경우 반려동물에게 부족한 영양소를 첨가해 주는 첨가제 등이 대부분이다. 반려동물에게 좋은 영양소를 가루 형태로 구매하여 사료나 간식에 혼합하여 제공을 하며 간식 자체에 들어가는 제품들도 있으나 효능적인 부분에서 개선되어야 할 부분이 많이 있다. 국내보다는 해외에서 많이 소비되는 추세이며 최근에는 국내에서도 소비가 늘어나고 있는 것으로 보인다.

3) 훈련용 간식

훈련용 간식은 말 그대로 반려동물의 훈련을 진행할 때 보상의 형태로 제공되는 간식들을 이야기하며 대체적으로 작은 형태의 간식이 많으며 훈련용 간식의 기준에서 제일 큰 부분은 영양 부분과 기호성이다. 훈련을 진행할 때 보상의 형태로 진행된다면 훈련이 완성되기까지 많은 양의 보상을 제공해야 하는데 이때 간식의 칼로리가 높거나 기호성이 너무 떨어지게 된다면 보상의 의미가 없어져 훈련용으로 사용하기에 적합하지 않다.

4) 다이어트 간식

다이어트 간식의 경우 간식의 습관화로 인해서 과체중이 된 경우 체중 조절을 위해 많이 사용되고 있다. 저칼로리를 구성하거나 고섬유질로 체내의 지방의 축적을 막아주는 효과를 구성하고 있으며 현대에는 대부분의 강아지가 영양소가 풍족하고 추가로 간식까지 급여하는 경우가 많기 때문에 비만견들의 숫자가 늘어나고 있어서 다이어트를 위해서 소비가 늘어나고 있는 추세이다.

5) 진정용 간식

진정용 간식이라고 하면 이해가 잘 안될 수도 있는데 아로마테라피를 적용하여 이해하면 쉽게 이해가 될 것으로 보인다. 아로마를 함유하여 반려동물에게 섭취 시 진정 효과를 내거나 이완 효과를 가지고 있는 간식을 섭취시켜 강아지가 육체적인 이완을 통해서 심리적으로도 안정 효과를 가지게 하는 간식들도 있다. 이는 반려동물에 따라 다르게 적용하므로 본인의 반려동물에게 잘 맞는 간식을 결정하는 것이 좋으며 급여량과 알레르기에 대해서 수의사와의 상담을 권한다.

3. 수분의 함량에 따른 구분

가공방식에 따른 분류로는 사료와 비슷하게 나타난다. 먼저 건조 간식과 반건조 간식, 동결건조 간식과 베이커리 간식, 습식 간식 등으로 구분할 수 있다.

1) 건조 간식

건조간식의 경우 고기나 과일, 생선 등을 건조하여 수분을 제거한 간식으로 수분의 함량이 낮아 보관이 용이하며 대체적으로 딱딱한 질감으로 인해서 씹는 과정을 통한 치석 제거로 치아 건강에 도움을 줄 수 있으나 노령견이나 치아가 약한 반려동물에게는 부적절하다.

2) 반건조 간식

반건조 간식의 경우 약간의 수분을 포함해 부드러운 질감을 가진 간식들을 이야기한다. 말랑한 질감을 가지고 있고 육포나 배합사료의 구성을 가지고 있다. 건조 사료와 비슷하다고 볼 수 있으나 방부제나 인공 첨가물이 포함된 부분이 차이점이자 단점이라고 볼 수 있다.

3) 동결건조 간식

동결건조 간식의 경우 현재 시중에 많이 나와 있는 간식의 형태이다. 동결건조 사료와 같이 수분의 제거로 유통기한이 길고 가벼우며 보관이 편하다는 점이 소비자들에게 수요를 일으키고 있다. 원재료 그대로를 사용하거나 큐브 모양으로 잘라서 건조하는 것이 대부분이며 간혹 야채나 배합사료 혹은 죽과 같이 밸런스를 맞춰 동결건조 한 제품들도 있다. 재료의 영양소와 맛을 보존하는 장점을 가지고 있으나 가격이 높은 것이 단점이라고 볼 수 있다.

4) 베이커리

베이커리의 경우 구운 간식으로도 볼 수 있는데 오븐 등을 활용하여 재료를 구워 만든 간식들을 통칭한다. 한국을 제외한 다른 나라에서는 높은 기호성과 다양한 모양 그리고 맛을 제공하고 보관도 쉽고 가격도 저렴하기에 많이 사용하지만 한국에서는 반려동물이 섭취 시 부스러기가 많이 생기는 부분 때문에 아직까지 자리 잡고 있지 못하고 있다. 비스킷, 쿠키, 크래커 등 다양한 형태로 제작이 가능하지만, 고온 가공으로 인한 영양소 손실 부분이 있다.

5) 습식 간식

습식 간식의 경우 수분 함량이 높은 간식을 이야기하는 데 대표적으로 캔 사료를 생각하면 이해가 빠를 것이다. 최근에는 죽의 형태로 만들어 파우치로 나오는 경우도 있고 우리가 알고 있는 "츄르"라는 고양이 간식도 습식 간식에 포함이 된다. 수분 섭취량의 증가와 부드러운 질감으로 모든 연령대에서 급여하기 좋으며 단점으로는 개봉 이후 보관이 어렵고 빠른 소비를 필요하다는 것이 단점으로 볼 수 있다.

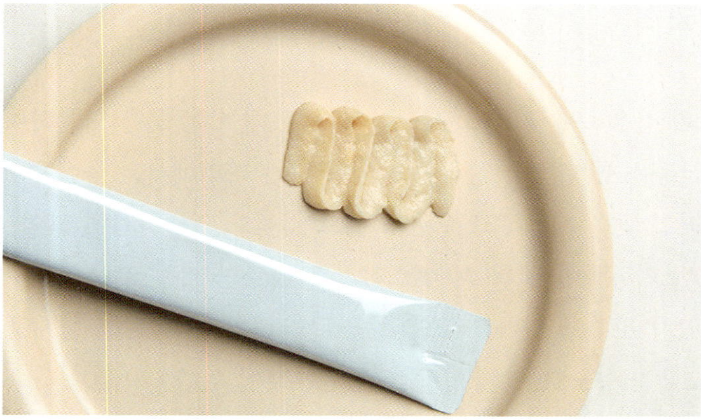

4. 형태에 따른 구분

마지막으로 간식의 형태에 따라 구분할 수도 있는데 모양이나 포장 방식 등으로 이해하는 것이 쉽게 접할 수 있을 것이다. 먼저 기본적인 형태인 스틱형 간식을 볼 수 있다. 스틱형 간식의 경우 긴 막대 모양이며 반려동물들이 좋아하는 뼈다귀 등의 형태를 따라서 만들기 시작하면서 스틱의 형태가 기본적인 형태로 자리 잡게 되었다. 그다음은 큐브 형태인데 스틱형의 단점으로 부스러기 등이 많이 발생하는 것을 볼 수 있다. 그로 인해서 한입 크기의 형태로 만들어진 간식이다. 지금의 간식 형태가 대부분 큐브형으로 자리 잡고 있으며 훈련용 간식의 형태도 큐브형으로 구성되어 있는 것들이 대부분이다. 다음은 파우치형인데 젤리나 액상 형태로 구성되어 있어서 노령견이나 치아가 좋지 않은 강아지 그리고 높은 기호성과 영양을 필요로 하지만 캔의 형태가 보관이 불편한 부분을 개선하기 위해서 최근에 늘어나고 있는 모습이다. 다음은 액상 간식인데 액상의 경우 파우치와 중복 된다고 볼 수 있지만 파우치의 경우 점도가 있는 경우가 대부분이고 순수 액상의 형태로 된 간식들을 볼 수 있다. 국내에서 대표적으로 볼 수 있는 액상 형태의 간식은 반려견 전용 우유를 뽑을 수 있다. 마지막으론 껌의 형태인데 강아지 껌의 경우 가죽이나 반죽 등을 활용하여 만든 제품들인데 씹는 재미로 반려동물에게 스트레스 해소와 치아 관리에 도움을 줄 수 있다.

반려동물의 간식도 사료와 마찬가지로 용도나 관점에 따라 다양하게 분류할 수 있다. 기본적으로는 단미와 배합, 혼합의 구성이나 다양한 관점에서 분류하여 보았다. 이처럼 보는 용도에 따라 각각의 특장점들이 있으며 어떠한 간식이 본인의 반려동물에게 가장 잘 맞는 간식인지를 경험을 통해서 선택하는 것이 좋을 것으로 보인다.

2절 간식의 선택

반려동물에게 급여하는 간식 선택의 올바른 방법이라는 정답은 없으나 크게 2가지 단계에 걸쳐 선택할 수 있다. 먼저 반려동물의 건강 상태 확인과 용도에 따른 선택이다.

1. 반려동물의 건강 상태에 따른 선택

먼저 알레르기 여부를 확인해야 한다. 특정 단백질(예 닭고기, 소고기 등)이나 곡물에 알레르기가 있는 경우, 원료를 꼼꼼히 확인하고 알레르기 유발 물질이 없는 간식을 선택해야 하며, 이는 수의사와의 상담을 통해서 알레르기 검사를 통해서 확인 할 수 있다. 다음으로는 체중 상태이다. 과체중이 우려되는 경우 저칼로리 간식이나 고섬유질 간식을 선택하여 반려동물이 과체중으로 가는 것을 억제하거나 막아야 한다. 이때에는 주로 건조된 채소나 과일 등이 사용되는 경우가 많다. 다음은 개체별 특징인데 같은 나이 때에 같은 품종의 강아지라고 하더라도 소화가 안 좋은 강아지도 있고 각 품종별로 취약한 부분들이 있다. 예를 들어 리트리버의 경우 관절이 항상 고질병처럼 따라오는데 이를 예방하기 위해서 글루코사민이나 콘드로이틴이 많이 함유된 기능성 간식을 선택하거나 따로 글루코사민을 구매하여 사료첨가제의 형태로 급여하는 방식을 볼 수 있다. 또, 피부와 털 건강이 좋지 않다면 지방산이 함유된 간식을 선택하는 것도 좋은 선택이다. 다음으로는 강아지의 성장상태(생애주기)에 따른 선택을 볼 수 있다. 아무리 내 강아지가 리트리버이고 관절염이 걱정된다고 하더라도 너무 어린 자견 때부터 딱딱하거나 기능성이 포함된 간식을 먹이는 것은 오히려 역효과를 볼 수 있다. 노령견에게는 딱딱한 것을 제외하는 것이 좋으며 성체의 경우 비만을 제외하고 잘 맞는 간식의 형태를 고르는 것이 좋다.

2. 간식의 목적에 따른 선택

다음으로는 목적에 따른 선택을 볼 수 있는데 실질적으로는 간식은 목적에 맞게만 좋은 간식을 선택하면 된다. 하지만 먼저 반려동물의 건강 상태를 확인하여 혹시나 먹이면 안 되거나 기피해야 하는 음식들 그리고 성장 상태와 보충해 줘야 하는 부분들을 체크하고 나서 목적에 맞게 선택하는 것이다. 앞선 내용에서 용도에 따른 구분을 한 것과 동일하게 구강 관리, 영양 보충 및 기호성 증진, 훈련용, 다이어트용, 진정용 간식 등을 구매하려는 목적에 맞춰서 구매하는 것이 좋다. 다만 제품에 따라서는 목적에 맞지 않은 성분이나 원료 등을 과대하여 홍보하는 경우가 있기 때문에 간식에서 제공하는 성분표를 확인하여 주원료가 무엇인지, 첨가물의 유무, 칼로리와 영양 성분 등이 반려동물에게 잘 맞는지 확인하는 것이 중요하다.

반려동물 간식의 종류와 선택하는 방법에 대해서 종합적으로 알아보았다. 반려동물 간식에 있어서 가장 중요한 부분은 절제라고 볼 수 있다. 반려동물의 행동이 귀여워서나 혹은 미안해서 무분별하게 제공하다 보면 습관화가 되게 되고 이로 인해서 과체중을 초래하고 다양한 질병을 얻을 수 있다. 결과적으로 보면 반려동물을 위해 반려동물의 건강을 해치는 것이다. 기븐적으로는 간식은 반려동물 일일 칼로리 섭취량의 10%를 넘지 않도록 한다.

모든 반려동물을 키우는 반려인의 목적은 반려동물과 함께 오래 행복하게 사는 것이라고 볼 수 있다. 2부에 시작에서 "먹는 것으로 고치지 못하는 질병은 의술로도 고치지 못한다"라는 말을 활용한 적이 있다. 우리가 꿈꾸는 반려동물과의 오래된 삶을 원한다면 적어도 먹거리에 있어서는 우리가 공부해서 좋은 먹거리로 건강한 삶을 살게 해주는 게 진정한 의미의 반려이지 않을까 생각한다.

6장 에너지 요구량과 급여량

학습목표

1. 에너지 요구량의 종류와 그 의의를 알고 있다.
2. 휴지기 에너지 요구량과 동물 상태에 따른 일일 에너지 요구량을 구할 수 있다.
3. 일일 에너지 요구량을 바탕으로 사료 급여량을 정할 수 있다.

1절 에너지

1. 에너지(Energy)

에너지는 "일을 할 수 있는 능력"을 말하고 생물에서 에너지는 기본적으로 현재의 환경에서 생존과 다음 세대로 유전정보 전달을 위해서 사용되는 반드시 필요한 요소이다. 특히 동물은 식물과 달리 에너지를 스스로 만들어낼 수 없는 특성을 가지고 있으므로, 외부로부터 생존이나 번식에 필요한 에너지를 지속적으로 공급받아야 한다.

자연 상태에 있는 야생동물과 달리 사람의 필요성과 목적에 의해 길러지는 반려동물과 흔히 가축(livestock)이라고 부르는 산업 동물 경우 필요한 대부분의 에너지는 사람이 공급해 주는 사료에 의해 얻을 수밖에 없다. 따라서 이러한 반려동물과 산업 동물을 사육하고 관리하는데 적절한 에너지 공급과 그에 적합한 사료의 급여는 매우 중요한 부분을 차지한다.

사료에 의해서 얻어진 에너지는 대부분 체온을 유지하기 위한 열을 생산하는데 사용되고, 나머지는 동물의 기본적인 생리학적 작용, 즉 몸을 구성하는 모든 세포나 조직의 성장과 증식에 사용된다. 그리고 일부 사용되고 남은 에너지는 체내 지방으로 저장되기도 한다.

만약 적합한 사료가 동물에게 공급되지 않을 경우 동물에 필요한 에너지 공급이 부족하게 될 수 있고, 위의 작용이 제대로 되지 않아 결국 질병 등에 의해 건강에 문제가 발생하게 될 것이다. 반대로 에너지 공급이 과다하게 되면 잉여 에너지가 증가하여 체내에 저장되는 지방이 증가되고 그에 따른 대사 이상이 발생하게 될 수도 있다.

이러한 생물의 크기와 구성, 활동성을 바탕으로 장기적으로 건강한 상태를 유지하기 위한 에너지 공급과 소비의 평형상태에서 필요로 하는 에너지의 양을 에너지 요구량(energy requirement; ER)이라고 정의한다.

이 장에서는 대표적인 반려동물인 개와 고양이에서 생애주기나 건강 상태에 따른 에너지 요구량과 필요한 에너지 요구량을 충족시킬 수 있는 사료의 급여량에 대하여 기술하고자 한다.

2. 에너지 단위

개와 고양이의 에너지 요구량을 알아보기 전에 에너지를 나타내는 단위를 먼저 정확하게 아는 것이 중요하다. 옛날부터 지금까지 일반적으로 사용되고 있는 에너지 단위로는 칼로리(calorie; cal)가 있는데, 1cal은 1g의 수분을 섭씨 14.5℃에서 15.5℃로 1.0℃만큼 올리는 데 필요한 열량이다. 또한 일반적으로 사료 에너지를 표현하는 단위로는 킬로칼로리(kilocalorie; kcal)를 사용하고 있고, 1 kcal은 1,000cal로 변환할 수 있다.

한편, 미터법의 국제단위로 공식적으로 인정하고 있는 에너지 단위는 줄(joule; J)이고, 1J은 힘의 단위인 1N(newton)에 의해 발생한 에너지로 정의한다.

에너지 단위인 cal과 J과 관계는 아래와 같다.

- 1cal = 4.19J
- 1J = 0.24cal
- 1kcal = 4.19kJ
- 1kJ = 0.24kcal = 240 cal
- 1MJ(megajoule) = 240 kcal

또한 Atwater의 생리적 연소 열가로 알려져 있는 주요 영양소의 1g당 생리적 열량은 아래 표와 같다.

표 6-1 주요 영양소의 1g당 생리적 열량

주요 영양소	kcal/g	kJ/g
탄수화물(carbonate)	4	17
단백질(protein)	4	17
지질(lipid)	9	38

3. 에너지 분류

동물이 사료를 섭취하면 사료 안에 포함된 영양분이 가진 에너지가 모두 소화되어 흡수되는 것은 아니고 그 중 일부 에너지만 소화되고 흡수가 된다. 또한 이렇게 소화되고 흡수가 된 에너지 중에서 동물에서 성장과 번식, 활동에 사용되지 않거나 못하는 에너지가 포함되어 있다. 따라서 각 동물마다 필요한 에너지 요구량을 정확하게 알기 위해서는 실제로 에너지 요구량과 연관된 에너지를 알아야 하고, 이 연관된 에너지가 급여하는 사료에서 얼마나 차지하는지를 알아야 급여량을 산출할 수 있다. 대사 과정이 진행되면서 발생하고 이용되는 에너지는 총 에너지(Gross Energy; GE), 가소화 에너지(Digestible Energy; DE), 대사 에너지(Metabolizable Energy; ME), 정미 에너지(Net Energy; NE)로 분류할 수 있다.

1) 총 에너지(GE)

총 에너지는 사료에 포함된 모든 영양분이 완전히 산화되었을 때 발생하는 에너지양이고, 원래 사료가 가지고 있는 화학에너지 양이다. 총 에너지는 봄베 열량계(bomb calorimeter)라는 에너지 측정 장비를 통해서 구할 수 있다. 다만, 동물 체내에서 일어나는 에너지 생산 과정과 다르게 화학적으로 에너지를 생산하는 과정에서 나온 에너지양을 구한 것이기 때문에 총 에너지가 동물이 이용할 수 있는 에너지와 동일하다고 할 수는 없다.

2) 가소화 에너지(DE)

가소화 에너지는 사료의 총 에너지 중에서 동물 몸 안에서 소화되어 흡수된 에너지양이고, 총 에너지에서, 소화되지 않고 똥으로 배출되는 분 에너지(Fecal Energy)를 뺀 에너지양이다.

가소화 에너지 DE = 총 에너지 GE − 분 에너지 FE

일반적으로 개와 고양이와 같은 단위동물(monogastric animals)에서 가소화 에너지는 총 에너지의 70~90%에 해당한다. 가소화 에너지는 섭취한 사료 중에서 소화, 흡수가 얼마나 되었는지에 따라 변할 수 있고, 이를 결정하는데 사료 내 섬유소와 지질 함량이 가장 큰 영향을 끼친다.

3) 대사 에너지(ME)

대사 에너지는 가소화 에너지 중에서 대사 작용을 통해 이용되는 에너지양이다. 즉, 가소화 에너지에서 대사 작용을 통해 생산되지만 이용하지 않고 배설되는 오줌과 방귀 에너지를 뺀 에너지양이다. 또한 총 에너지 중에서 소화되지 않고 배출되거나 소화과정에서 발생하지만 생리학적으로 이용되지 않고 배설되는 오줌과 방귀가 가진 에너지를 뺀 에너지양이기도 하다.

대사 에너지 ME = 총 에너지 GE – 분 에너지(FE)–(요 에너지(UE)+가스 에너지)
= 가소화 에너지 DE – (요 에너지(UE) + 가스 에너지)

대사 에너지는 위에서 기술한 것과 같이 대사 과정에서 발생하는 요 에너지와 가스 에너지양에 의해 결정되는데, 개와 고양이와 같은 단위동물에서는 대사 과정에서 발생하는 가스 에너지양이 매우 적어서 실제로 거의 영향을 주지 않는다. 따라서 단위동물의 대사 에너지를 산출할 때는 가스 에너지를 무시하고 산출한다.

단위동물의 대사 에너지 ME = 총 에너지 GE – 분 에너지 FE – 요 에너지(UE)
= 가소화 에너지 DE – 요 에너지(UE)

대사 에너지는 총 에너지의 50~75%에 해당하고, 앞서 언급했던 Atwater의 생리적 연소 열가와 동일한 의미를 나타낸다. 대사 에너지는 가소화 에너지보다 사료가 가지고 있는 동물이 이용할 수 있는 에너지를 더 정확하게 표현한다고 볼 수 있다.

4) 정미 에너지(NE)

정미 에너지는 대사 에너지에서 체온 유지를 위한 열 에너지로 소모되는 에너지양을 뺀 나머지 에너지양이다. 즉, 사료 에너지 중에서 실제로 동물 체내 성분을 구성하고, 유지하며, 활동하는 데 사용하는 에너지양이다.

이는 총 에너지에서 분 에너지, 요 에너지, 가스 에너지, 열 에너지를 제외한 에너지양이고, 가소화 에너지에서 요 에너지, 가스 에너지, 열 에너지를 제외한 에너지 양이기도 하다.

정미 에너지NE = 총 에너지GE − 분 에너지 FE−(요 에너지UE+가스 에너지)−열 에너지HE
= 가소화 에너지 DE −(요 에너지 UE+가스 에너지)−열 에너지 HE
= 대사 에너지 ME − 열 에너지 HE

단위동물의 정미 에너지 NE = 총 에너지GE − 분 에너지FE − 요 에너지UE − 열 에너지HE
= 가소화 에너지 DE − 요 에너지 UE − 열 에너지 HE

한편 정미 에너지는 사람의 목적과 필요성을 반영하여 다시 생존을 위해 필수적인 유지 가능을 위해 사용되는 에너지인 유지를 위한 정미 에너지(Net energy for maintenance; NEm)와 사람에게 유용한 생산물인 고기, 젖, 알, 털 등을 생산을 위해 사용되는 에너지인 생산을 위한 정미 에너지(Net energy for production; NEp)로 나누기도 한다.

(1) 유지를 위한 정미 에너지(NEm)

유지를 위한 정미 에너지는 기초대사량, 수의적 운동 체온유지 등을 위해 사용하는 에너지이다.

(2) 생산을 위한 정미 에너지(NEp)

생산을 위한 정미 에너지는 세포나 조직의 성장과 증식, 불수의적인 운동, 젖, 알, 털 등 동물에서 얻을 수 있는 축산물의 생산, 태아 발육과 분화를 위해 사용하는 에너지이다. 즉 생존에 필요한 에너지에 추가로 요구되는 정미 에너지 부분에 해당한다.

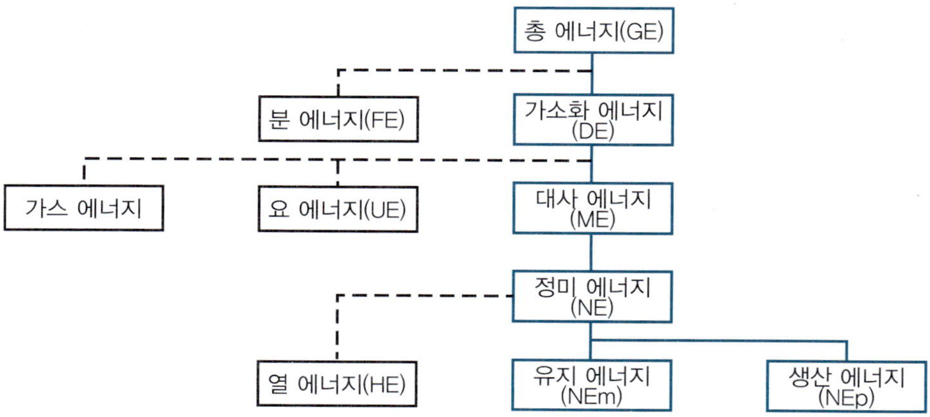

그림 6-1 대사 과정 중 에너지 분류 모식도

점선으로 연결된 에너지는 대사 과정 중 손실되는 에너지에 해당함.

2절 에너지 요구량과 사료 급여

1. 에너지 요구량(ER)

1) 휴지기 에너지 요구량(RER)

에너지 요구량은 앞서 언급한 것과 같이 동물이 생존과 활동, 번식에 소모되는 에너지양으로, 보통 기초대사량(Basal Metabolic Rate; BMR)을 기반으로 산출한다. 기초대사는 쾌적함을 느끼는 온도의 환경에서 깨어있는 동물이 절식 상태에서 호흡, 순환 등 생명 유지를 위해 동물 몸 안에서 일어나는 대사 작용이고, 이러한 기초대사에 필요한 에너지양을 직접 또는 간접 열량계로 측정하여 구한다.

동물에서는 사람과 달리 절식 상태를 유지하기 어렵기 때문에 일반적으로 기초대사량 대신 사료 섭취 후 3~4시간 뒤에 에너지양을 측정하는 휴식대사량(Resting Metabolic Rate; RMR)을 사용하기도 한다. 이러한 휴식대사량을 하루에 필요한 에너지양으로 산출한 것을 휴지기 에너지 요구량(Resting Energy Requirement; RER)이라고 한다.

휴지기 에너지 요구량은 대사체중에 70을 곱한 식으로 구할 수 있는데, 이때 대사체중은 실제 측정한 체중의 0.75제곱을 한 값이다(Hand 외, 2010). 다른 식으로는 실제 체중을 세제곱한 값의 제곱근을 구한 뒤 그 값에 다시 제곱근을 구하여 70을 곱하는 식이 있다.

참고로 미국국립연구회의(National Research Council; NRC)에서 고양이의 특성을 반영하여 대사체중을 구하는 계수를 0.75 대신 0.67을 사용하는 것을 제안하였는데, 최근에 대사체중을 구하는데 더 정확한 것으로 확인되었다(Nguyen 외, 2001; Riond 외 2003).

$$\text{휴지기 에너지 요구량 RER} = 70 \times \text{대사체중(체중 kg}^{0.75}\text{) (kcal/day)}$$
$$= 70 \times [\sqrt{\sqrt{\text{체중}kg^3}}] \text{ (kcal/day)}$$

위의 식은 모든 체중 범위의 동물에서 실제 에너지 요구량에 매우 가까운 값을 구할 수 있는 장점이 있으나 제곱이나 제곱근을 사용하여 구해야 하므로 일반 계산기로는 구할 수가 없는 단점이 있다. 따라서 평소에는 이러한 단점을 보완하여 만든 아래의 산출식을 사용한다.

$$\text{휴지기 에너지 요구량 RER} = 30 \times \text{체중 kg} + 70 \text{ (kcal/day)}$$

위의 보완식은 처음 식보다는 휴지기 에너지 요구량을 구하기는 쉬운 장접이 있으나 체중이 2kg부터 30kg 내에 있는 동물에서만 적용할 수 있다는 단점이 있다. 예를 들어, 10kg 토이 푸들의 휴지기 에너지 요구량을 구할 경우, 제곱이 포함된 산출식에서는 393.638… kcal/day로 하루에 약 393.64kcal가 필요하다는 것으로 산출했다면 보완식에서는 370kcal/day로 산출된다.

$$70 \times 10^{0.75} = 383.638\cdots \fallingdotseq 393.64 \text{ kcal/day}$$
$$30 \times 10 + 70 = 370 \text{ kcal/day}$$

위의 두 식으로 구한 휴지기 에너지 요구량의 차이는 하루에 23.64kcal만큼 차이가 나는 것을 알 수 있다. 만약 보완식을 사용하여 휴지기 에너지 요구량을 구한 것을 바탕으로 사료 급여를 했다면 실제 휴지기 에너지 요구량과 가장 가까운 값으로 사료를 급여한 것보다 매일 23.64kcal가 부족하게 공급하는 것이 되고, 이는 에너지 부족으로 인한 성장정체 등 성장장애를 일으킬 수 있는 원인이 될 수 있다.

특히 체중 2kg 보다 적은 경우와 30kg을 초과하는 경우에서 보완식을 사용하여 휴지기 에너지 요구량을 구하게 될 경우 에너지 과잉 상태가 될 수 있다는 점을 반드시 고려해야 한다. 예를 들어 1.5kg 새끼 길고양이의 휴지기 에너지 요구량을 구할 경우, 제곱이 포함된 산출식에서는 94.878…kcal/day로 하루에 약 94.88kcal가 필요하다는 것으로 산출했다면 보완식에서는 115kcal/day으로 산출된다.

$$70 \times 1.5^{0.75} = 94.878\cdots \fallingdotseq 94.88\ \text{kcal/day}$$

$$30 \times 1.5 + 70 = 115\ \text{kcal/day}$$

이 두 식에서 얻은 휴지기 에너지 요구량을 비교하면 하루에 20.12 kcal만큼 차이가 나는 것을 알 수 있다. 만약 보완식을 사용하여 휴지기 에너지 요구량을 구한 것을 바탕으로 사료 급여를 했다면 실제 휴지기 에너지 요구량과 가장 가까운 값으로 사료를 급여한 것보다 매일 20.12kcal가 추가로 공급하는 것이 되고 이는 에너지 과잉으로 인한 비만 등 대사장애를 일으킬 수 있는 원인이 될 수 있다.

또한 50kg 그레이트 피레니즈(Great Pyrenees)의 휴지기 에너지 요구량을 구할 경우, 제곱이 포함된 산출식에서는 1,316.211…kcal/day로 하루에 약 1,316.21kcal가 필요하다는 것으로 산출했다면 보완식에서는 1,570kcal/day으로 산출된다.

$$70 \times 50^{0.75} = 1{,}316.211\cdots \fallingdotseq 1{,}316.21\ \text{kcal/day}$$

$$30 \times 50 + 70 = 1{,}570\ \text{kcal/day}$$

위의 두 산출식을 사용하여 구한 휴지기 에너지 요구량을 비교할 경우 253.79 kcal/day만큼 차이가 나는 것을 알 수 있고, 2kg 미만인 동물보다 훨씬 더 많은 차이가 나는 것도 알 수 있다.

참고로 고양이의 특성을 반영한 또다른 휴지기 에너지 요구량을 구할 수 있는 보완 산출식은 아래와 같다.

$$\text{휴지기 에너지 요구량 RER} = 50 \times \text{체중 kg (kcal/day)}$$

2) 일일 에너지 요구량(DER)

실제 동물은 놀이나 산책, 운동 등의 활동이 추가되거나 질병이나 출산과 같은 특별한 생리적 상태에 있을 경우 기초대사량보다 많은 에너지를 필요로 한다. 따라서 사료 급여량을 정하기 위한 에너지 요구량은 기초대사량이 아니라 기초대사량에 동물의 상태를 나타내는 요소인 다양한 변수(factor)를 반영한 에너지 요구량이어야 한다. 이러한 에너지 요구량을 일일 에너지 요구량(Daily Energy Requirement; DER)이라고 한다. 일일 에너지 요구량은 위에서 언급한 휴지기 에너지 요구량에 일일 에너지 요구량 상수를 곱하여 구할 수 있다.

일일 에너지 요구량 DER = 휴지기 에너지 요구량 RER × DER 상수

동물의 상태를 나타내는 변수인 DER 상수는 동물종, 나이, 활동 정도, 임신과 수유, 질병 여부 등에 따라 다양한 범위로 설정되어 있다. 대표적인 DER 상수는 아래 표들과 같다.

표 6-2 개와 고양이의 성장 단계별 DER 상수

성장단계	개	고양이
4개월 이하	3.0	2.5
5~12개월	2.0	
12개월 이후	1.8	1.4

일반적으로 나이가 어릴수록 급격하게 성장하다가 점차 나이가 들어감에 따라 그 속도가 떨어지는 S자 곡선을 그리며 성장하기 때문에, 성장 초기에는 가장 많은 에너지를 필요로 하므로 상수가 커지다가 점차 작아지게 된다.

표 6-3 개와 고양이의 중성화 여부에 따른 DER 상수

중성화 여부	개	고양이
비중성화	1.8	1.4
중성화	1.6	1.2

또한 일반적으로 중성화를 한 동물과 중성화를 하지 않은 동물을 비교하였을 때, 호르몬의 영향으로 인해 중성화를 한 동물이 중성화를 하지 않은 동물에 비해 활동량이 떨어지게 된다. 활동량이 떨어진 만큼 에너지 요구량도 낮아지기 때문에 DER 상수 역시 차이가 난다.

표 6-4 개와 고양이의 비만 정도에 따른 DER 상수

비만 정도	개	고양이
과체중	1.4	1.0
비만	1.0	0.8

비만 정도를 평가하는 신체 충실 지수(Body Condition Score; BCS)를 통해 과체중이나 비만 단계에 있는 동물은 사료로 공급되는 에너지가 실제로 생존과 활동으로 소비되는 에너지보다 많은 비평형 상태이다. 에너지 과잉 상태로 평형이 깨진 상태를 다시 평형 상태로 점진적으로 회복시키기 위한 방법으로 건강한 동물에서 DER 상수보다 낮은 DER 상수를 적용하여 DER을 구하고 그에 적절한 사료 급여, 즉 '다이어트'를 실시할 수 있다. 여기서 비만한 고양이 경우 DER 상수가 1.0 보다 낮은 것에 집중할 필요가 있다(DER 상수가 1.0 보다 낮으면 RER 보다 작은 DER이 산출된다).

표 6-5 사역견의 업무 강도에 따른 DER 상수

업무강도	DER 상수
가벼운 업무	2.0
중간 정도 업무	3.0
심한 업무	4~8

사람의 일을 돕는 경찰견, 군견, 검역탐지견, 안내견, 목양견, 인명구조견, 썰매개, 등은 주어진 업무의 특성과 강도에 따라 일반적인 반려동물로서 필요한 에너지양보다 더 많은 에너지가 필요하기 때문에 그를 반영한 DER 상수는 업무 강도에 비례하여 커진다.

표 6-6 암컷 개의 임신 기간에 따른 DER 상수

임신 기간	DER 상수
임신 초기(첫 42일까지)	1.8
임신 말기(출산 전 21일까지)	3.0

표 6-7 암컷 고양이의 임신 기간에 따른 DER 상수

임신 기간	DER 상수
임신 중	1.6
분만	2.0

임신한 동물에 에너지가 과잉 공급되는 경우 체중이 증가하여 비만이 될 수 있다. 또한 자궁 내에서 성장하고 있는 새끼들에게도 에너지가 과잉 공급되면서 예상되는 체구보다 훨씬 더 성장하는 과다 성장이 발생하게 된다. 임신한 동물이 비만인 경우 또는 임신 중인 새끼 동물이 과다 성장할 경우 난산이 발생할 확률이 높아질 수 있다. 그리고 임신한 동물이 비만이면서 임신 중인 새끼 동물이 과

다 성장할 경우 난산이 발생할 확률이 더 높아질 수 있다. 따라서 임신 기간 중에는 에너지가 과잉 공급되지 않도록 일반적인 일일 에너지 요구량보다 낮은 에너지양을 공급되어야 하기 때문에 DER 상수가 낮다.

반면에 분만을 앞두고 있는 시기에는 분만과 동시에 새끼 동물에게 젖을 먹이고 양육을 해야 한다. 따라서 임신 말기 또는 분만을 앞두고 있는 기간 중에는 젖 생산과 양육을 위하여 일반적인 일일 에너지 요구량보다 높은 에너지양을 공급되어야 하기 때문에 DER 상수가 높다.

표 6-8 암컷 개의 포유 중인 새끼 동물 수에 따른 DER 상수

새끼 동물 수	DER 상수
1	3.0
2	3.5
3~4	4.0
5~6	5.0
7~8	5.5
9	≥6.0

표 6-9 암컷 고양이의 포유 시기에 따른 DER

포유 기간(주)	DER
1~2	RER + 30% RER/새끼 동물 수
3	RER + 45% RER/새끼 동물 수
4	RER + 55% RER/새끼 동물 수
5	RER + 65% RER/새끼 동물 수
6	RER + 90% RER/새끼 동물 수

위에서 이미 임신 말기와 분만을 앞두고 있는 기간에 일일 에너지 요구량이 일반적인 일일 에너지 요구량보다 크게 되는 원인을 포유와 양육이라는 것을 언급한 것과 같이, 새끼를 돌보고 있는 암컷 개와 고양이는 평소 일상 활동에 소모되는 에너지양보다 많은 에너지가 필요하다. 보통 개는 포유 중인 새끼 동물 수를 바탕으로 DER 상수를 정하고, 고양이는 포유기간에 따라 DER을 산출한다. 특히 포유 중인 암컷 동물은 새끼 동물을 위한 젖 생산에 많은 에너지가 소모되기 때문에 충분한 에너지가 사료로 급여되어야 한다. 만약 일일 에너지 요구량에 충족하지 않는 에너지가 공급될 경우 체중 감소가 나타날 것이다. 또한 새끼 동물의 포유에도 문제가 생길 수 있는데, 젖의 생산량이 감소할 뿐만 아니라 젖의 영양소 구성에도 불균형을 가져올 수 있다. 포유 중인 암컷 동물에 일일 에너지 요구량보다 낮은 에너지양을 공급할 경우 암컷 동물뿐만 아니라 양육 중인 새끼 동물의 건강에도 영향을 줄 수 있다는 점을 유의하여야 한다.

표 6-10 노령 고양이의 DER 상수

노령 정도	DER 상수
7~11년령	1.1~1.4
11년령 초과	1.1~1.6

노령 동물은 나이가 들어감에 따라 성체 시기 때보다 활동력이 감소되기 때문에 성체 시기 때의 일일 에너지 요구량을 기반으로 하는 사료 급여할 경우 에너지 공급이 과잉된다. 따라서 노령 동물의 일일 에너지 요구량이 일반적인 일일 에너지 요구량보다 낮아야 하므로 DER 상수도 낮다. 특히 노령 동물은 일반적으로 성체 때 비해서 에너지 대사 작용의 효율이 떨어지게 되고 비만 등 대사장애가 발생할 가능성이 높아진다. 노령 동물의 대사장애는 당뇨 등 이차적인 질병의 원인이므로 에너지가 과잉되지 않도록 사료 급여에 주의하여야 한다.

3) 유지 에너지 요구량(MER)

유지 에너지 요구량(Maintenance Energy Requirement; MER)은 종종 영양학 분야에서 언급되는 일일 에너지 요구량과 유사한 의미를 가지는 에너지양이다. 일일 에너지 요구량과 다른 부분은 유지 에너지 요구량은 적당한 활동을 하는 성체의 체중과 신체 충실 지수를 유지하기 위해서 필요한 에너지양으로 성장이나 임신 또는 수유에 필요한 에너지는 포함하지 않는다는 것이다(Baldwin 외, 2010). 또한 유지 에너지 요구량을 구하는 산출식은 휴지기 에너지 요구량을 구하는 산출식과 유사하다.

$$\text{유지 에너지 요구량 MER} = 132 \times \text{대사체중}(\text{kg}^{0.75})\ \text{kcal/day}$$

다른 MER을 구하는 산출식으로는 대사체중 당 필요한 에너지양으로 나타낼 수 있는데, 아래 표와 같이 산출식에 사용하는 대사체중은 개는 체중의 0.75 제곱으로 구하고 고양이는 체중의 0.67 제곱으로 구한다.

표 6-11 성별에 따른 개와 고양이의 MER 산출식(Harper 외, 2001)

동물종	수컷	암컷
개	110kcal/kg $BW^{0.75}$/day	95kcal/kg $BW^{0.75}$/day
고양이	100kcal/kg $BW^{0.67}$/day	75kcal/kg $BW^{0.67}$/day

4) 질병상태 에너지 요구량(IER)

일반적으로 질병상태에 있는 동물은 질병의 원인이나 증상에 의해 에너지 소모가 많아지는 경향이 있다. 질병상태 에너지 요구량(Illness Energy Requirement; IER)은 각 질병상태마다 에너지 소모되는 정도가 다양한 정도를 반영한 상수를 휴지기 에너지 요구량에 곱하여 산출한다. 이러한 질병상태 에너지 요구량은 Missouri−Columbia 대학에서 만든 체계로 전통적으로 사용해왔다(Remillard 외, 1989). 이 체계에서 질병상태는 조직손상, 감염, 염증반응도 포함되어 있고, 단백질과 수분 손실 정도에 따라 질병상태 상수(illness factor; IF)는 1.0부터 2.0의 범위에 있다. 예를 들어 심각한 외상이나 단백질 소실이 없는 경우의 질병상태 상수는 1.0이고, 패혈증과 같이 과도한 대사 작용이 일어나고 있는 경우의 질병상태 상수는 1.7이다. 가장 심각한 질병상태는 피부 손상으로 인해 수분과 단백질 손실이 증가한 화상이고, 이때 질병상태 상수는 2.0이다.

이러한 질병상태 상수를 이용한 질병상태 에너지 요구량 산출방법은 1970년대 말부터 1980년대에 사람을 대상으로 한 연구에서 도출된 것이다. 이 방법은 직접 동물을 대상으로 적용하지 않고 사용해 왔기 때문에 유효하지 않을 수 있다. 게다가 최근에는 사람에서도 질병상태 에너지 요구량을 구하여 필요한 에너지를 공급하는 것에 대한 의문을 제기하고 있다. 특히 질병상태에 있는 환자에서 더 많은 양의 에너지를 공급하는 것이 오히려 위해를 가할 수 있다. 실제로 사람을 대상으로 하는 연구에서 스트레스와 질병 상태에서 에너지 요구량이 휴지기 에너지 요구량의 1.2배 이상을 넘지 않는다는 보고도 있다(Patino 외, 1999). 따라서 최근 동물을 대상으로 하는 영양학 분야에서는 질병상태 에너지 요구량을 사용하지 않는 추세이다. 대신 위에서 언급한 휴지기 에너지 요구량에 적절한 DER 상수를 곱한 일일 에너지 요구량을 이용하여 질병상태에 있는 동물의 에너지를 공급하고 있다. 이때 질병상태의 동물들은 적절한 치료를 받고 있는 것을 전제로 하기 때문에 과잉 영양 공급을 피하기 위해서 보수적으로 에너지양을 산출한다(Chan, 2009). 질병 치료나 처치 중인 개와 고양이에서 일일 에너지 요구량을 산출하기 위해서 사용하는 DER 상수는 아래 표와 같고, 개와 고양이에서 동일하다.

표 6-12 질병 치료나 처치 중인 개와 고양이의 DER 상수

치료, 처치 내용	개	고양이
집중치료	1	
체중 증량	1.2~1.8	

2. 사료 급여

앞서 기술한 것과 같이 자연환경에서 스스로 먹이를 찾아서 먹음으로써 필요한 에너지를 채우는 야생동물과 달리 반려동물과 산업동물은 거의 대부분의 필요한 에너지를 사람이 주는 사료를 통해서 얻는다. 따라서 사료는 각 상황별 동물의 에너지 요구량을 바탕으로 여러 영양소를 배합하여 만든다. 사료제조 회사에서는 사료 1kg당 포함된 영양소의 함량을 명시함으로써 에너지 요구량을 충족시키는 사료 급여량을 결정할 수 있게 한다. 동물에게 급여하는 사료의 양은 에너지 과잉이나 부족이 발생하지 않도록 각 상황에 맞는 일일 에너지 요구량을 바탕으로 정확한 양을 산출하는 것이 원칙이다. 하지만 휴지기 에너지 요구량, 일일 에너지 요구량 등은 모두 체중을 근거로 산출식에 대입하여 얻기 때문에 매번 사료를 급여할 때마다 체중을 측정하고 복잡한 계산식을 거치는 것은 현실적으로는 어려운 것도 사실이다.

1) 사료 급여 방법

보통 사료 급여 방법은 사료 종류에 따라 결정하는 데 특정한 효과를 기대하거나 목적을 달성하기 위해서 별도로 정하기도 한다. 기본적으로 제한급여는 공급하는 에너지양을 조절함으로써 체중 관리의 목적으로 선택하고, 급여 횟수와 시간은 1일 1~2회를 기준으로 매일 동일한 시간으로 정한다.

(1) 무제한 급여 또는 자유 급여

동물이 원하는 어느 때나 사료를 먹을 수 있게 항상 충분히 급여하는 방식이다. 보통 임신기나 수유기와 같은 에너지 요구량이 많은 경우에 사용하는 급여 방법이다.

(2) 시간제한 급여

보통 5분에서 30분 정도로 동물이 사료를 먹는 시간을 정해 놓고 그 시간 안에는 섭취량에 제한이 없이 마음대로 먹을 수 있게 충분히 급여하는 방식이다. 특별한 목적이 없는 모든 경우에 적용할 수 있는 급여 방법이다. 비록 체중 관리 목적으로 선택할 수 있는 방법이기는 하나 공급하는 에너지양 자체를 제한하는 것은 아니기 때문에 폭식 등 동물의 사료 섭식 습성 등에 따라 체중 관리 목적을 달성하기 어려울 수 있다.

(3) 사료량 제한 급여

보통 하루에 섭식해야 하는 사료량을 정해놓은 횟수에 맞게 나누어 사료를 급여하는 방식이다. 동물의 사료 섭식 습성에 영향을 받지 않고 공급하는 에너지양을 일정한 양으로 한정해서 공급하기 때문에 위의 시간제한 급여 방법과 다르게 체중 관리 목적을 달성하는데 가장 좋은 방법이다.

2) 사료 영양소 함량 표시

보통 시판되는 사료에는 「사료관리법」에 따라 사료에 함유된 영양소 성분과 함량을 반드시 표시하게 되어 있다. 또한 보호자가 사료 급여를 편하게 할 수 있도록 동물 성장단계나 체중에 따라 급여량을 정해놓은 경우가 일반적이다.

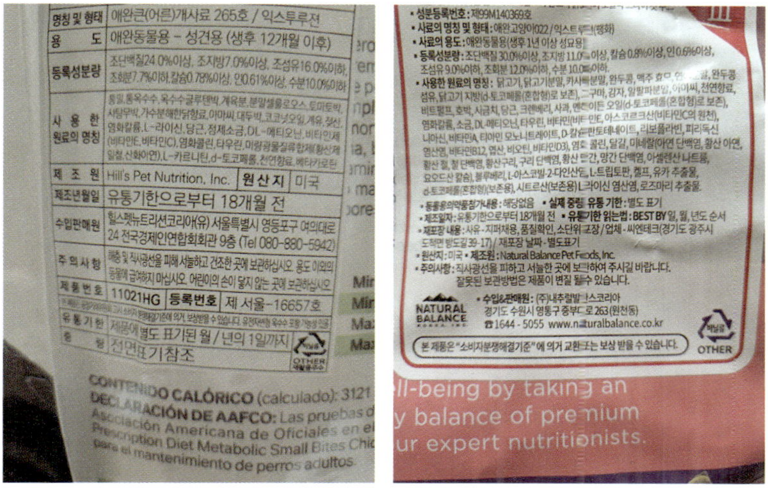

그림 6-2 국내 시판 중인 개와 고양이 건조사료 영양소 성분과 함량 표시 예

이때 표시된 영양소 함량은 '급여상태(As Fed)' 형식으로 기재된 것으로 실제로 보호자가 동물에게 사료를 급여할 때를 기준으로의 영양소 함량을 표시한 방법이다. 따라서 사료 제조 과정에서 발생한 수분까지 포함된 함량이다.

그림 6-3 국내 시판 중인 개와 고양이 건조사료 표준 급여량 안내 예

보통은 사료제조 회사에서 각 사료 중량 1kg당 대사 에너지를 명시해 주고 있어서 일일 에너지 요구량에 맞게 사료량을 계산하여 하루 동안 급여하면 된다. 만약 따로 대사 에너지를 알려주지 않은 사료를 공급해야 할 경우에는 사료에 함유된 영양소 중 실제로 소화, 흡수되어 에너지로 사용될 수 있는 영양소인 탄수화물, 단백질, 지질의 함량을 가지고 산출해야 한다. 이때는 사료에 명시된 급여상태 형식의 영양소 함량이 아닌 수분을 제외한 '건조 중량 기준(Dry Matter Basis; DMB)' 형식의 영양소 함량을 이용해야 한다. 사료의 대사 에너지를 구하기 위해서 Atwater의 생리적 연소 열가를 각 건조 중량 기준에서 영양소 함량에 곱한 뒤 각각의 영양소에서 발생할 수 있는 에너지를 합하여 산출한다. 예를 들어, 특정 건조사료의 급여상태 형식 영양소 함량이 아래와 같을 때 사료의 대사 에너지를 구해보자.

- 수분: 10%
- 조단백질: 24%
- 조지방: 7%
- 조섬유소: 16%
- 조회분: 8%

우선 수분을 제외한 실제 영양소 함량들을 구한다. 수분 함량이 10%이므로 실제 영양소 함량은 수분을 제외한 90%를 반영하여 보정 함량을 구한다.

- 보정된 조단백질 함량: 24% / 90% = 26.7%
- 보정된 조지방 함량: 7% / 90% = 7.8%
- 보정된 조섬유소: 16% / 90% = 17.8%
- 보정된 조회분: 8% / 90% = 8.9%

다음 탄수화물에 대한 함량은 사료에 영양소 함량 정보로는 알 수 없기 때문에 나머지 영양소 함량으로 탄수화물의 함량을 구하여야 한다. 탄수화물의 함량은 수분을 제외한 모든 영양소의 함량을 더한 총량을 90에서 뺀 나머지이다. 따라서 위의 건조사료에 포함되어 있는 탄수화물 함량은 38.8%이다(McNamara, 2014).

탄수화물 함량: 90 − (21.6 + 6.3 + 14.4 + 7 2) = 28.8%

그리고 각 영양소에서 발생할 수 있는 에너지의 양을 산출한다. Atwater의 생리적 연소 열가인 탄수화물과, 단백질은 4kcal/g, 지질은 9kcal/g을 적용하면 된다. 위의 건조사료 100g에 포함되어 있는 탄수화물 에너지는 115.2kcal, 단백질 에너지는 106.8kcal, 지질 에너지는 70.2kcal이다. 사료의 대사 에너지는. 이를 모두 더한 292.2kcal/100g이고, 사료 1kg당 대사 에너지는 2,922kcal인 것을 알 수 있다.

탄수화물 에너지: 28.8% × 4kcal/g = 115.2kcal/100g

단백질 에너지: 26.7% × 4kcal/g = 106.8kcal/100g

지질 에너지: 7.8% × 9kcal/g = 70.2kcal/100g

영양소 함량으로 사료의 대사 에너지를 산출할 때 유의해야 할 점은 첫째, '급여상태' 형식의 영양소 함량을 그대로 반영하면 안 되고, 수분을 제거한 '건조 중량 기준'의 영양소 함량을 반영해야 한다는 것이다. 둘째, 통조림사료(습식사료) 경우, 건조사료에 비해 수분 함량이 매우 높기 때문에 사료에 명시된 영양소 함량은 적을지라도 이를 건조 중량 기준의 영양소 함량으로 변환할 경우 증가된다는 것이다. 예를 들어 아래 표와 같이 급여상태의 영양소 함량은

표 6-13 건조사료와 통조림사료에서 단백질 함량 차이 확인

	급여상태	건조 중량 기준
건조사료(수분 10%)	25%	27.8%
통조림사료(수분 75%)	10%	40%

급여상태의 영양소 함량을 건조 중량 기준의 영양소 함량으로 변환할 때 정확한 것은 위에서 언급한 것과 같이 수분 함량을 제외한 각 영양소 함량을 다시 구하는 것이다. 다만 정확하지는 않지만 근사값으로 빠르고 쉽게 구하는 방법으로 건조 중량 기준의 단백질 함량과 지질 함량은 각각 급여 상태의 함량에 1.1과 4를 곱해준 값으로 여길 수 있다.

3) 사료 급여량 산출

일일 사료 급여량은 사료에 명시된 대사 에너지나 위에서 건조 중량 기준의 영양소 함량으로 구한 대사 에너지를 바탕으로 일일 에너지 요구량을 적용하여 구할 수 있다. 예를 들어 15kg의 중성화된 성체 말티즈에 대사 에너지가 292.2kcal/100g인 사료를 급여하려고 할 때 급여량을 구해보자.

(1) 일일 에너지 요구량 산출

15 kg의 중성화된 성체 말티즈의 일일 에너지 요구량을 구하기 위해서는 우선 휴지지 에너지 요구량을 먼저 구하여야 한다.

$$휴지기\ 에너지\ 요구량 = 70 \times 150.75 = 533.539\cdots \fallingdotseq 534\text{kcal/day}$$

이후 중성화된 성체의 DER 상수인 1.6을 휴지기 에너지 요구량에 곱하여 일일 에너지 요구량을 구한다.

$$일일\ 에너지\ 요구량 = 1.6 \times 534 = 854.4\text{kcal/day}$$

(2) 하루 사료 급여량 산출

대사 에너지가 사료 100g당 292.2kcal인 사료의 급여량을 구하기 위해서는 앞서 구한 일일 에너지 요구량인 854.4kcal/day에 대사 에너지를 나눈다.

하루 사료 급여량 = 854.4kcal/day / 292.2kcal/100g = 292.4g/day

(3) 1회 사료 급여량 산출

위에서 구한 하루 사료 급여량인 292.4g을 하루에 아침, 저녁으로 2회 나눠서 급여하고자 한다면 이를 다시 2로 나눈 146.2g이 1회 사료 급여량이 된다.

1회 사료 급여량 = 292.4g/day / 2 = 146.2g

4) 간식 급여 시 주의점

하루 사료 급여량이 일일 에너지 요구량을 근거로 산출하였기 때문에 하루에 급여한 사료를 다 먹었을 경우 사료를 섭식한 동물은 기초 대사와 더불어 체중 유지와 일상 활동에 필요한 에너지를 모두 얻게 된다. 즉, 에너지 공급과 소모가 평형상태에 놓이게 된다. 이 상태에서 사료에 추가로 간식을 급여하게 될 경우 간식이 가지고 있는 에너지만큼 추가로 공급되고, 에너지 공급과 소모의 평형상태가 에너지 공급 과잉 상태로 비평형 상태로 바뀌게 된다.

실제 간식이 가지고 있는 에너지양은 사료에 비해서 매우 적은 양이지만, 지속적으로 규칙적으로 섭취할 경우 과잉 공급된 에너지가 누적되어 결국 그 영향을 받을 수 밖에 없다. 따라서 간식을 급여할 경우에도 반드시 일일 에너지 요구량을 감안하여 사료와 간식 급여량을 조절할 필요가 있다.

7장 펫 푸드 산업

학습목표

1. 펫푸드 산업에 대한 기본 개념을 이해한다.
2. 국내 및 해외의 펫푸드 산업의 트렌드와 현황을 이해한다.
3. 사료관리법에 따른 사료의 표시제도와 표시사항과 같이 펫푸드 산업에서 기본적으로 준수해야 할 내용에 대해서 알아본다.

경제 수준 향상, 고령화·저출산, 인구구조 변화로 전 세계적으로 반려동물 양육 인구가 증가하고, 반려동물을 가족의 일원으로 여기는 사람들이 늘어나고 있다. 반려동물 양육자들이 양육 비용을 아끼지 않고, 반려동물 관련한 다양한 제품·서비스에 대한 수요가 증가하면서, 반려동물 연관산업이 급속히 성장하고, 산업 범위가 확장되고 있다.

국내 반려동물 연관산업도 경제수준의 향상과 전통적 가족관의 변화 및 생활양식의 변화 등으로 인해 반려동물 양육이 증가하면서 급속히 성장하고 있다. 이에 따라 국내에서도 정부의 「반려동물 연관산업 육성대책」 발표가 있었다.

여기서 정부에서 정의하는 반려동물 연관사업이란, 사료, 진료, 미용, 장묘, 용품, 보험 등 반려동물의 양육과 연관된 산업의 전반을 의미한다.

이와 같이 정부가 전격적인 반려동물 연관산업 육성대책을 발표한 이유는, 반려동물 양육 인구 증가와 동물 지위 상승 등으로 반려동물 연관산업이 확대·고급화면서, 고용효과가 높은 신성장산업으로 부각되고 있기 때문이다.

국내 반려동물 연관산업의 시장 규모는 2022년 기준 8조 원 규모로 세계시장 대비 1.6% 수준(추정)이며, 내수시장 중심으로 성장 중이다.

한편, 세계 반려동물 연관산업의 규모는 2022년 3,781억 달러로, 2032년 7,762억 달러로 예상되며 연평균 7.6% 성장할 것으로 예상되고 있다.

이에 따라 세부적인 계획으로써, 정부가 지정한 4대 주력 산업은 「펫푸드 산업, 펫헬스케어 산업, 펫서비스 산업, 펫테크 산업」이며, 본 7장에서는 이와 같이 정부의 주력산업으로 지정된 펫푸드 산업과 관련하여 국내 및 해외 현황과 트렌드를 간단히 알아보고, 펫푸드 산업에서 지켜야 할 내용에 무엇이 있는지 살펴보도록 한다.

1절 국내 펫푸드 산업

1. 국내 반려동물 현황: 천만 반려인 시대

바야흐로 천만 반려인의 시대가 되었다. KB금융지주에서 조사한 〈2023 한국 반려동물보고서〉에 따르면, 현재 반려동물을 키우는 반려 가구는 2022년 말 기준 552만 가구이며, 반려인은 1,262만 명으로 조사되고 있다.

농림축산식품부의 국민 5천 명 대상, 온라인 패널조사(2022 동물보호 국민의식조사) 결과에 따르면 2022년 기준 국내 반려견 수는 개가 약 544만 8천 마리, 고양이가 약 254만 1천 마리로 추정되고 있다.

반려동물의 현황은 전수조사가 어렵기 때문에 일부 표본의 조사에 의한 추정치로 예측하므로, 여러 조사에 따라 조금씩 다르게 추정되기도 한다.

표 7-1 우리나라 개, 고양이 두수 추정치

	반려견 수	반려묘 수
2018년	5,072,272	1,280,400
2019년	5,984,903	2,579,186
2020년	6,017,991	2,582,824
2021년	5,178,614	2,254,321
2022년	5,447,952	2,540,561

자료: 농식품부

한편, 농림축산식품부 주관으로 "2022년 동물 보호복지 실태조사"를 바탕으로 작성한, 농림축산검역본부 시스템상 행정구역별로 등록된 반려동물의 개체 수 현황에 따르면, 등록 반려견 누계는 약 3백만 마리 정도로 추산된다. 고양이는 현재 동물등록 의무화가 되지 않아, 등록된 두수는 전체 두수대비 극히 일부만이 등록되어 있다.

지역별 반려가구 현황을 보면, 서울 110만 가구, 경기 129만 가구, 인천 33만 가구로 전체 반려가구의 절반 정도가 수도권에 거주하고 있다.

반려가구 중 반려동물로 개를 기르는 '반려견가구'가 71.4%로 가장 많고, 다음으로 고양이를 기르는 '반려묘가구'가 27.1%였다.

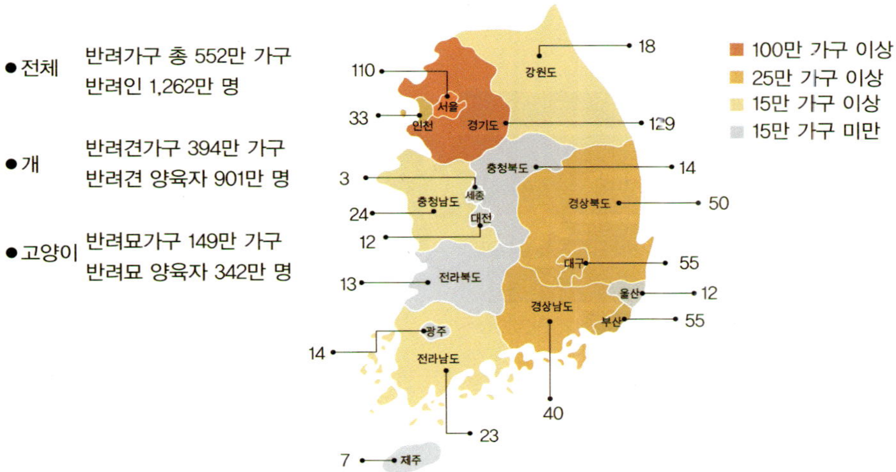

※ 통계청 2019년, 2021년 인구주택총조사와 전국 20세 이상 69세 이하 남녀 2천 명을 대상으로 2022년 말 실시한 설문조사 결과를 활용하여 추정

그림 7-1 지역별 국내 반려동물 가구 및 반려인 수

출처: 황원경, 이신애(2023)

이와 같이 반려가구와 반려인이 증가하고, 펫푸드 산업이 성장한 주요 요인은 아래와 같이 정리 할 수 있다.

1) 펫푸드 산업 성장의 주요 요인

(1) 인구 · 가구 구조 변화

과거에 비해 저출산 · 고령화, 1~2인의 소규모 가구의 증가가 두드러지고 있으며, 우리나라 인구 및 가구 구조가 급속하게 변화하고 있다. 65세 이상 고령인구 비율이 2000년에는 7.2%에 불과했으나, 2022년에 17 5%로 10.3%p가 증가하였다.

통계청의 2020년 인구총조사에 따르면, 65세 이상 고령가구의 반려동물 보유율은 10.6%로 50만 3,987가구에 달하며, 이 중 12만 6,826가구가 1인 가구다.

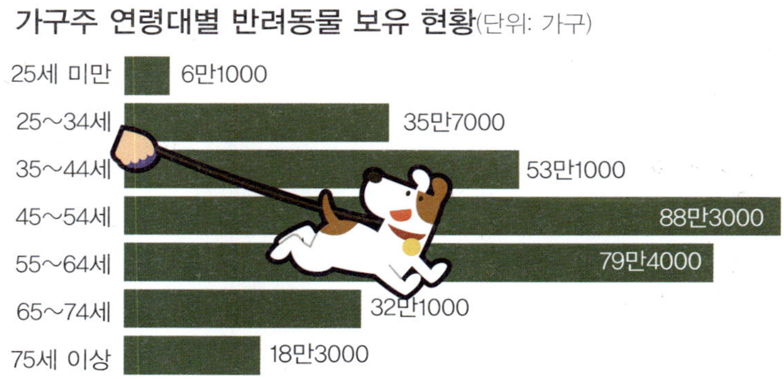

그림 7-2 가구주 연령대별 반려동물 보유 현황

자료: 통계청

1인 가구는 2000년 15.5%에서 2022년에 33.6%로 2배 이상, 2인 가구 비율도 2000년 19.1%에서 2022년 28.6%로 지속적으로 증가하면서 2022년에 1~2인 가구의 비율이 전체 가구의 61.9%에 달하고 있다.

(2) 경제 수준 향상

반려동물 양육 규모와 연관산업의 발전은 국가 경제 및 가계의 경제적 수준과 밀접하게 관계되어 있다. 우리나라는 경제 수준 향상과 함께 반려동물에 대한 인식과 정책 방향도 전환되어 왔다.

1990년대에 국민소득이 약 1만 달러에 도달하면서, 해외 '애완동물' 문화가 국내에 소개되고 애완동물의 양육이 본격화되었다.

또한 1988년 서울올림픽을 전후로 해외에서 우리나라의 동물보호·복지에 관한 문제가 지속적으로 제기됨에 따라 동물보호법도 제정되었다(1991년 5월 제정).

2000년대 이후 국민소득이 2만 달러를 넘어서면서 '반려동물'의 개념이 도입되고, 반려동물 문화가 발전하기 시작하였다. 동물보호법이 전부 개정되면서 반려동물 관리의 법적 근거도 마련되었다.

2010년대 중후반 이후 국민소득이 3만 달러를 넘어서면서 반려동물을 가족화·인간화하는 인식이 확산되고, 반려동물 연관산업도 본격적으로 발전하기 시작하였다.

2020년 8월에는 동물보호법을 개정하면서 '반려동물'의 개념도 공식적으로 법에 도입되었다(제7조 정의).

(3) 전통적 가족관과 생활양식 변화

사회경제적 변화와 함께 전통적인 가족관이 약화되고, 결혼 및 출산을 필수가 아닌 선택으로 인식하는 사람들이 증가하고 있다. 이에 다라 조혼인율이 2000년에 7.0건에서 2022년에 절반 수준인 3.7건으로 감소하였고, 합계출산율도 지속적으로 감소하여 2021년에는 0.81명에 불과하게 되었다.

특히 2020년에 20대 젊은 계층의 경우 비혼과 비출산에 동의하는 비율이 늘어나는 것으로 조사되어, 전통적 가족관 변화와 이로 인한 반려동물 및 연관산업에 미치는 영향이 어느 정도 지속될 것으로 전망된다.

이처럼 전통적 가치관의 변화 속에서, 반려동물을 기르는 인구가 증가하고 인간을 대신하여 반려동물을 가족으로 받아들이는 인구도 증가하고 있다.

황윤재(2023) 등이 연구한 "농식품산업 신성장동력 창출을 위한 펫푸드 산업 육성과제"에 따르면, 펫푸드 산업 등 반려동물 연관산업이 성장하기 위해서는 반려동물 양육 인구가 일정 규모 이상으로 유지되어야 하는데, 반려동물 비양육자 설문조사 결과 비양육자의 20.4%가 향후 반려동물을 기를 의향이 있다고 응답하였고, 연령대가 낮을수록, 그리고 1인 가구에서 양육 의향이 상대적으로 높은 편이었으므로, 반려동물 연관산업의 성장은 향후로도 지속될 것으로 전망한다.

한편, 반려동물 비양육자들은 반려동물 양육을 희망하는 가장 큰 이유가 '정서적 안정 또는 외로움을 달래기 위해서'(36.8%)라고 응답하여, 반려동물을 정서적 교감의 대상이라고 보는 인식이 크다는 것을 보여주고 있다.

이밖에 '동물을 좋아해서'(36.1%) 양육을 희망하는 비율도 높은 편이다. 이에 비해 향후 반려동물 양육을 희망하지 않는 이유는 주로 비용 문제(20.1%)인 것으로 조사되었다.

(4) 반려동물 양육 규모 확대

국내 반려동물 양육 규모는 국민의 인식 변화 등에 힘입어 지속적으로 증가하고 있다. 농림축산식품부(2022)에 의하면 우리나라는 전체 가구의 25.4%인 619만 가구에서 799만 마리의 반려동물을 기르고 있다(2022년 기준). 반려동물 양육률은 2010~2022년에 8.0%가 증가하고, 양육 개체 수는 같은 기간 약 275만 마리, 연평균 3.6%씩 증가하였다.

국내에선 반려견 양육 규모가 반려묘에 비해 여전히 큰 편이지만, 2010년 이후 반려묘 양육 규모가 빠르게 증가하고 있다.

2010~2022년에 반려견 양육률이 2.7%p가 증가한 데 비해 반려묘는 5.4%p가 증가하면서, 반려견 양육 개체 수가 2010년 약 462만 마리에서 2022년에 545만 마리로 연평균 1.4%p, 반려묘는 같은 기간 약 63만 마리에서 254만 마리로 연평균 12.3%p 증가하였다.

이에 따라 전체 반려동물에서 반려견 개체 수 비율이 2010년에는 88.0%에서 2022년에 68.2%로 19.8%p 감소한 반면, 반려묘 비율은 같은 기간 12.0%에서 31.8%로 증가하였다.

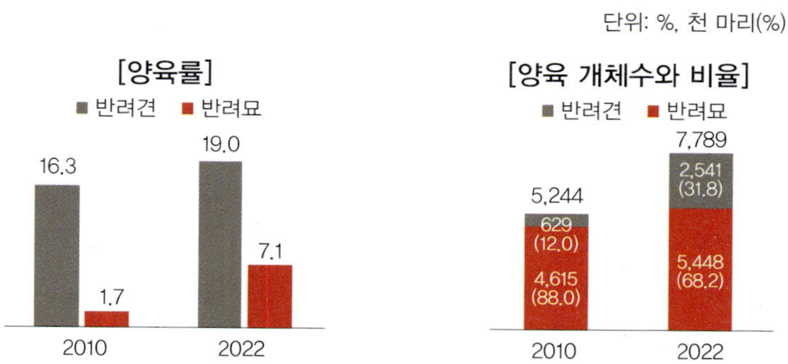

그림 7-3 반려동물 유형별 양육 규모 변화

자료: 농림축산식품부(각 연도), 〈동물보호에 대한 국민의식조사〉.

2. 펫푸드 산업개요

펫푸드 산업은 사료관리법 제2조(정의)의 '사료제조업'에 해당된다. 보다 세분화된 펫푸드 산업의 개념은 통계청의 '한국표준산업분류'를 통해 제시되고 있다.

'한국표준산업분류'는 펫푸드를 포함한 동물 사료 제조업을 '동물용 사료 및 조제식품 제조업'으로 분류하며, 이를 다시 '배합사료 제조업(10801)'과 '단미사료 및 기타사료 제조업(10802)'으로 세분한다.

'배합사료 제조업'에는 주식용 펫푸드인 '애완동물용 배합사료 제조업'이 포함되며, '단미사료 및 기타사료 제조업'에는 주로 간식이 포함되어, '개껌 제조(애완동물용 기호품)', '동물기호식품 제조(비스킷, 개껌 등)', '동물용 비스킷 제조', '애완견 간식용 기호품 제조' 등의 간식용 펫푸드가 포함된다.

3. 펫푸드 생산업체

펫푸드 제조업체는 제품이 생산되는 장소에 따라 국내 제조, 국내 제조 및 수입, 수입 전문업체로 구분되며, 국내 제조의 경우 ODM(Original Development Manufacturing: 주문자 개발 생산) 방식으로 제조하는 경우가 많다.

국내 제조 업체로는 카길애그리퓨리나, 대주펫푸드, 하림펫푸드, 제일펫푸드, 우성사료, 팜스코가 있으며, 국내 제조 및 수입 제품 판매업체로는 로얄캐닌, 우리와, 내츄럴발란스가 있고, 수입 전문 업체로는 마스, 힐즈, 네슬레 등이 있다.

4. 펫푸드 판매 및 수출입 동향

펫푸드의 수출입 현황은 관세청에서 사용하는 HS코드에 따라서 반려견 사료 또는 반려묘 사료로 구분되어 조사가 가능하다.

표 7-2 펫푸드 HS코드

품목 코드			품목명
2309	10	1000	사료용 조제품 개나 고양이용 사료(소매용 한정) 개 사료
		2000	사료용 조제품 개나 고양이용 사료(소매용 한정) 고양이 사료

펫푸드 주요 수출 대상국은 일본, 태국, 호주 등이며, 주요 수입 대상국은 중국, 미국, 태국, 일본 등으로 나타나고 있다.

5. 국내 펫푸드 유통 및 판매의 특징

국내 펫푸드 산업은 2000년대 이후로 지속적으로 성장하고 있으며, 다양한 펫푸드 업체들이 국내 시장에서 유통과 판매에 참여하고 있다.

펫푸드 시장에서 국내 기업의 시장 참여가 증가하면서, 시장 점유율도 꾸준히 확대되고 있으나, 아직은 글로벌 기업의 수입 브랜드가 시장에서 우위를 점하고 있다.

표 7-3 국내 펫푸드 시장 규모(한국농수산식품유통공사 자료)

(단위: 백만 달러, %)

구분	2015년	2016년	2017년	2018년	2019년
반려견 사료 (Dog food)	199.42 (74.0)	504.56 (73.8)	534.96 (73.6)	571.14 (73.6)	563.34 (73.6)
반려묘 사료 (Cat food)	136.39 (20.2)	140.26 (20.6)	150.87 (20.8)	161.74 (20.9)	160.99 (21.0)
기타 사료 (Other pet food)	39.35 (5.8)	39.21 (5.7)	40.87 (5.6)	42.66 (5.5)	41.11 (5.4)
합계	675.16	684.03	726.70	775.53	765.44

※ Global Market Data, GlobalData

1) 기타 사료(Other pet food)는 rodent, bird, fish 사료를 합한 값임.

반려동물 양육자들은 양육 비용의 상당 비중을 펫푸드 구입에 사용하고 있다.

반려동물 양육자들은 오프라인과 온라인상의 다양한 펫푸드 유통업체에서 펫푸드를 구입하고 있다. 오프라인으로 구입하는 경우 주로 반려동물 전문매장(주식 40.6%, 간식 41.4%)을 이용하였으며, 온라인으로 구입하는 경우 온라인 쇼핑몰(주식 50.1%, 간식 63.0%)의 이용 비율이 절반 이상으르 매우 높았다.

반려가구는 반려동물 관련 건강관리, 상해나 질병 치료비를 제외하고 매월 고정적인 양육비로 '평균 15만 4천 원'을 지출했다. 또한 반려동물 양육비에서 가장 큰 비중을 차지하는 항목은 '사료비'로 31.7%, 다음은 '간식비'로 19.1%를 지출하여 식비 관련 지출(50.8%)이 절반을 차지했다.

이외 배변 패드, 고양이 모래, 미용용품이나 위생용품 등 '일용품 구입비'(12.7%), '컷/미용비'(10.5%)도 10% 이상의 비중을 차지했다.

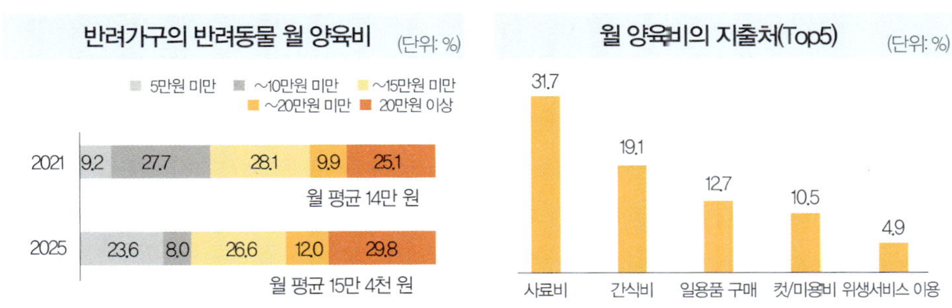

그림 7-4 반려가구의 반려동물 월 양육비 및 월 양육비의 지출처 Top5

출처: 황원경, 이신애(2023)

2절 해외 펫푸드 산업

1. 해외 펫푸드 산업 동향

1) 세계 펫푸드 산업의 최근 트렌드

세계 펫푸드 시장에 확산되고 있는 주요한 트렌드에는 인간화(pet-humanization, 펫 휴머니제이션), 고급화(premiumisation, 프리미엄화), 지속가능성(sustainable), 건강 중시, 편의성, 첨단화 등이 있다.

전 세계적으로 반려동물 양육 규모가 지속적으로 증가하면서 세계 펫푸드 시장 규모는 2017년 760억 달러에서 2022년에 1,172억 달러로 연평균 8.9% 성장하였다. 최근의 반려동물 양육과 펫푸드 시장 규모의 확대는 코로나19 팬데믹 기간에 반려동물 양육을 통해 정서적 안정감을 얻고자 하는 양육자들이 증가한데 따른 것으로 분석되고 있다. 실제로 2017~2020년에는 세계 펫푸드 시장 규모가 연평균 7.4% 증가한 데 비해, 코로나19 팬데믹 기간인 2020~2022년에는 연평균 11.5% 증가하였다.

또한 지난 2~3년간 코로나19로 인한 사회적 거리 두기, 재택근무 등으로 집에 머무는 시간이 증가하면서, 전 세계적으로 반려동물 양육 인구가 크게 증가하고, 반려동물 연관산업도 급속도로 성장하였다.

이러한 트렌드를 설명하는 '팬데믹 퍼피(Pandemic Puppy)'라는 용어가 만들어지기도 하였다. 전 세계 주요 60여 개국에서 반려동물 개체 수가 2016년 16.5억 마리에서 2020년 18.7억 마리로 약 13.5%가 증가하였다. 반려동물 양육 인구가 증가하면서 글로벌 펫케어 시장도 코로나19 팬데믹 기간 중 크게 성장하였다. 글로벌 펫케어 시장은 2014~2019년에는 연평균 5.5% 성장하였으나, 2020~2021년에 연평균 성장률이 8.1%에 달하였다.

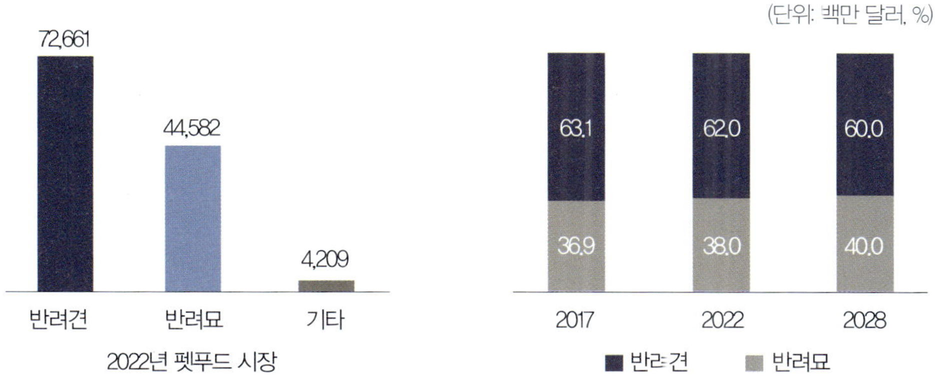

그림 7-5 축종별 글로벌 펫푸드 시장

대부분의 국가에서 반려견 양육 규모가 반려묘에 비해 크다.

이에 세계 펫푸드 시장도 반려견 시장 규모가 727억 달러(2022년 기준)로 전체의 62.0%를 점유한다. 그러나 반려묘 양육이 상대적으로 수월하고, 도시화·산업화에 따른 생활방식과 주거형태의 변화에도 상대적으로 적합함에 따라 반려묘 양육 규모가 상대적으로 크게 증가하면서, 반려묘 펫푸드 시장 비율도 2017년 36.9%에서 2022년에 38.0%로 증가하였고, 2028년에는 40.0%로 확대될 것으로 전망되고 있다.

지역별로 북미 지역과 유럽 지역의 펫푸드 시장 규모가 각각 512억 달러(43.7%), 315억 달러(26.8%)로 다른 지역에 비해 큰 편이나, 연평균 성장률은 남미와 아시아 지역이 2017~2022년에 각각 14.7%, 12.3%로 상대적으로 크다.

3절 펫푸드 사료 표시제도

1. 사료관리법

사료관리법은 1963년 8월, 사료의 수급 조절, 가격의 안정 및 품질개량에 관한 사항을 규정함으로써 축산업의 발전을 도모하고자 제정되었으며, 동년 11월 시행되었다.

농림축산식품부의 사료관리법 제1조(목적)에 따르면 사료관리법은 사료의 수급 안정·품질관리 및 안전성 확보에 관한 사항을 규정함으로써 사료의 안정적인 생산과 품질향상으로 축산업의 발전에 이바지하는 것을 목적으로 하고 있다.

"사료"란 축산법에 따른 가축, 농림축산식품부 장관이 정하여 고시하는 동물·어류 등에 영양이 되거나 그 건강 유지 또는 성장에 필요한 것으로 배합사료, 단미사료, 보조사료로 구분된다.

1) 배합사료

"배합사료"는 단미사료·보조사료 등을 적정 비율로 배합 또는 가공한 사료를 말하며, 애완동물(반려동물)용 사료는 아래 표에서 빨간색 박스로 표시한 것과 같이 배합사료 내 "그 밖의 동물·어류용 배합사료"에 속해 있다(농림축산식품부 사료 등의 기준 및 규격 [시행 2024. 4. 1.] [농림축산식품부고시 제2024-27호, 2024. 4. 1., 일부개정] 제 6조 [별표 3] 배합사료의 범위).

표 7-4 배합사료의 범위(농림축산식품부 사료 등의 기준 및 규격, 배합사료의 범위[별표3]

<table>
<tr><th>사료종류</th><th colspan="2">축종</th><th>사료종류</th><th>축종</th></tr>
<tr><td rowspan="11">양축용
배합사료</td><td>고기소</td><td>젖소</td><td>프리믹스용 배합사료</td><td>축종 전체</td></tr>
<tr><td>돼지</td><td>닭</td><td>대용유용 배합사료</td><td>축종 전체</td></tr>
<tr><td>오리</td><td>개</td><td rowspan="4">반추동물용
섬유질 배합사료</td><td>고기 소</td></tr>
<tr><td>꿩</td><td>말</td><td>젖소</td></tr>
<tr><td>메추리</td><td>사슴</td><td rowspan="2">기타 반추동물</td></tr>
<tr><td>양</td><td>오소리</td></tr>
<tr><td>칠면조</td><td>타조</td><td rowspan="5">그 밖의
동물 · 어류용
배합사료</td><td>실험동물용</td></tr>
<tr><td>토끼</td><td>거위</td><td>애완동물용</td></tr>
<tr><td>노새</td><td>당나귀</td><td rowspan="2">사육하는 동물</td></tr>
<tr><td>꿀벌</td><td>지렁이</td></tr>
<tr><td>배합사료원료</td><td>특수배합사료</td><td>수산 동물</td></tr>
</table>

2) 단미사료

"단미사료"는 식물성·동물성 또는 광물성 물질로서 사료로 직접 사용되거나 배합사료의 원료로 사용되는 사료를 일컫는다. 아래의 표에서 보는 바와 같이 단미사료의 구분은 식물성, 광물성, 혼합성, 기타로 나뉘어져 있으며, 이의 종류에 부합되는 내용으로 등록할 수 있다(농림축산식품부 사료 등의 기준 및 규격 [시행 2024. 4. 1.] [농림축산식품부고시 제2024-27호, 2024. 4. 1., 일부개정] 제 4조 [별표 1] 단미사료의 범위).

표 7-5 단미사료의 범위(농림축산식품부 사료 등의 기준 및 규격, 단미사료의 범위[별표1]

구분	사료종류	구분	사료종류
식물성	강피류(곡물부산물류)	동물성	무기물류
	박류(단백질류)		유지류
	식품가공부산물류		곤충류
	조류		플랑크톤류
	섬유질류		단백질류
	제약부산물류		낙농가공부산물류
	유지류	광물성	식염류
	전분류		인산염류 및 칼슘염류
	곡류(곡물)		다량광물질류

3) 보조사료

"보조사료"는 사료의 품질 저하 방지 또는 사료의 효용을 높이고자 사료에 첨가하는 것을 말하며, 이러한 보조사료는 배합사료의 원료가 된다(농림축산식품부 사료 등의 기준 및 규격 [시행 2024. 4. 1.] [농림축산식품부고시 제2024-27호, 2024. 4. 1., 일부개정] 제 5조 [별표 1] 보조사료의 범위).

표 7-6 보조사료의 범위(농림축산식품부 사료등의 기준 및 규격, 보조사료의 범위[별표1]

구분	사료종류	구분	사료종류
결착제	천연결착제	추출제	초목추출물
	합성결착제		종자추출물
	합제		세포벽추출물
보존제	산미제		동물추출물
	항응고제		기타
	항산화제		합제
	항곰팡이제	향미제	착향료
	합제		감미료
효소제	당분해효소		조미료
	지방분해효소		합제
	인분해효소	미생물제	유익균
	단백질분해효소		유익곰팡이
	합제		유익효모
착색제	천연		박테리오파지
	합성		합제
기타	유화제, 아미노산제, 비타민제(프로비타민제 포함), 비단백태질소 화합물, 규산염제, 완충제, 올리고당, 혼합제 등		

펫푸드는 사료관리법 시행령, 사료관리법 시행규칙을 따라서 사료의 안전성 지도 기준을 준수하고, 사료의 용도 구분, 제조업 시설기준, 사료 공정의 절차 및 사료의 성분등록과 표시사항, 위해요소중점관리 기준의 작성, 운용, 적용 및 적절한 사료검사와 폐기 등을 따라야 한다.

4) 사료 표시제도

시중에 유통, 판매 중인 모든 펫푸드는 '사료관리법 시행규칙'에 따른 표시 기준을 준수해야 한다. 아래의 표와 같이, 제품의 용기, 포장에 기재해야 할 표시사항은 법으로 명기되어 있다.

사료관리법 제13조(사료의 표시사항)에서는 다음과 같은 내용을 규정하고 있다(농림축산식품부 사료관리법 제13조(사료의 표시사항) 및 동법 시행규칙 [시행 2023. 12. 28.] [농림축산식품부령 제627호, 2023. 12. 28., 일부개정]] 제 14조 [별표 4] 용기 및 포장에서의 표시사항 및 표시방법).

- 제조업자 또는 수입업자는 제조 또는 수입한 사료를 판매하려는 경우에는 용기나 포장에 성분 등록을 한 사항, 그 밖의 사용상 주의 사항 등 농림축산식품부령으로 정하는 사항을 표시하여야 한다.
- 제조업자 또는 수입업자는 제1항에 따른 표시사항을 거짓으로 표시하거나 과장하여 표시하여서는 아니 된다.
- 제조업자 또는 수입업자가 사료관리법 제13조 1항에 따라 용기나 포장에 표시하여야 할 사항 및 그 표시방법에 관한 내용은 동법 시행규칙 제14조, 사료의 표시사항에 명시되어 있다.

표 7-7 펫푸드 표시사항(용기 및 포장에서의 표시사항 및 표시방법) 및 처벌관련

구분		배합사료	보조사료 및 단미사료
근거법령		사료관리법, '사료 등의 기준 및 규격'	
표시사항		① 사료의 성분등록번호 ② 사료의 명칭 및 형태 ③ 등록성분량 ④ 사용한 원료의 명칭 ⑤ 동물용 의약품 첨가 내용 ⑥ 주의 사항 ⑦ 사료의 용도 ⑧ 실제 중량(kg 또는 톤) ⑨ 제조(수입) 연월일 및 유통기간 또는 유통기한 ⑩ 제조(수입)업자의 상호(공장 명칭) 주소 및 전화번호 ⑪ 재포장 내용 ⑫ 사료공장에서 정하는 사항, 사료의 절감 · 품질관리 및 유통개선을 위하여 농림축산식품부 장관이 정하는 사항	① 사료의 성분등록번호 ② 사료의 명칭 및 형태 ③ 등록성분량 ④ 사용한 원료의 명칭 ⑤ 사료의 용도 ⑥ 주의 사항 ⑦ 실제 중량(kg 또는 톤) ⑧ 제조(수입) 연월일 및 유통기간 또는 유통기한 ⑨ 제조(수입)업자의 상호(공장 명칭) 주소 및 전화번호 ⑩ 재포장 내용 ⑪ 사료공장에서 정하는 사항, 사료의 절감 · 품질관리 및 유통개선을 위하여 농림축산식품부 장관이 정하는 사항
주요 표시 방법	사료 명칭	• 농림축산식품부 장관이 고시한 배합사료 명칭	• 농림축산식품부 장관이 고시한 품명을 사용하여야 하며, 실제 거래상 명칭이 있는 경우 괄호 안에 표시
	사료 형태	• 가루, 펠릿, 크럼블, 후레이크, 익스투루전(팽화), 액상 • 그 밖의 형태: 형태에 적합하도록 표시	
	등록성분량	• 성분등록된 성분명과 성분량 표시(백분율, %) • 최저량은 "이상", 최대량은 "이하" 표시	
	원료 명칭	• 배합비율이 큰 순서대로 기입	• 사용비율이 높은 순서대로 품명 기입
	동물의약품 첨가 내용	• 동물용의약품의 명칭과 사용된 함량과 사용 목적 구체적으로 기입	
	주의 사항	• 사료의 사용과 보관, 다른 사료와의 혼합 금지 등에 관하여 필요한 사항을 보증성분표 하단에 표시	• 사료의 사용과 보관, 다른 사요와의 혼합 금지 등에 관하여 필요한 사항을 보증성분표 하단에 표시
	사료 용도	• 수요자가 쉽게 이해할 수 있도록 정확하게 표시 • 수요자에게 혼란을 줄 정도로 제품의 상품명을 과대 표시해서는 안 됨	
	실제 중량	• 실제 중량을 정확하게 포장 크기에 따라 kg 또는 톤으로 표시	
	제조(수입) 연월일과 유통기간	• 제조(수입) 포장된 날짜를 기준으로 표시	
	재포장내용	• 재포장 사유 · 날짜 · 중량, 재포장한 자의 상호 · 주소 · 전화번호를 표시하고, 그 외에 등록성분량 등은 재포장 전에 표시된 대로 표시하여야 함 • 재포장은 제조업자 또는 수입업자와 계약한자만 할 수 있음	
표시 장소별 표시사항	부표시면 또는 일괄표시면	① 성분등록번호, ② 사료의 명칭 및 형태, ③ 등록성분량, ④ 사용한 원료의 명칭, ⑤ 동물용의약품 첨가 내용(배합사료에 한함, 해당사항이 없으면 생략 가능), ⑥ 사료의 용도, ⑦ 실제 중량, ⑧ 제조(수입) 연월일 및 유통기간 또는 유통기한	
	기타 표시면	① 주의 사항, ② 제조(수입)업자의 상호(공장 명칭) · 주소 및 전화번호, ③ 재포장 내용(해당 사항이 없으면 생략 가능), ④ 기타사항	
처벌		제조업자 또는 수입업자가 표시사항이 없는 사료를 판매하거나 표시사항을 거짓 또는 과장해서 표시하면 등록취소, 영업의 일부 또는 정부 정지명령을 받거나 영업정지처분을 대신한 과징금을 부과받을 수 있으며(사료관리법 제25조 제1항 제10호, 제26조 제1항), 1년 이하의 징역 또는 1천만 원 이하의 벌금에 처해짐(사료관리법 제34조제7호)	

동물보건영양학

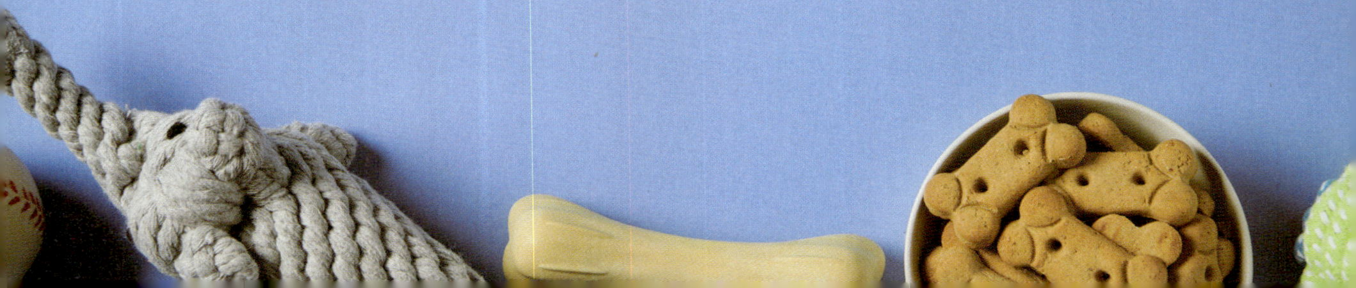

3부

영양 관리

8장 포유기, 이유기, 성장기

학습목표

1. 포유기 동안 모유와 초유의 역할을 이해하고, 모체이행항체가 제공하는 수동면역의 중요성을 설명할 수 있다.
2. 면역 공백기 동안 모체이행항체의 감소와 외부 병원체에 대한 취약성, 그리고 예방접종의 시기적 제한을 설명할 수 있다.
3. 성장 단계별 강아지와 고양이가 필요한 주요 영양소와 그 중요성을 이해하고, 적절한 사료와 영양 공급의 필요성을 설명할 수 있다.

1절 개와 고양이의 생애주기

개와 고양이의 시간이 사람보다 빠르게 흘러간다는 것은 너무나 잘 알려진 사실이다. 수의학의 발전으로 과거에 비하여 기대 수명이 많이 길어졌다고는 하지만, 20년을 넘기기는 쉽지 않다. 이처럼 내가 키우는 개·고양이와 한평생을 함께 하는 만큼, 시기에 걸맞는 영양 공급은 너무나도 중요하다.

아래 표는 미국수의사회(AVMA, American Veterinary Medicine Association)에서 발표한 개와 고양이의 나이 환산표이다.

표 8-1 개와 고양이의 나이 환산표

Actual Age	Age in Human Years
1	15
2	24
3	28
4	32
5	36
6	40
7	44
8	48
9	52
10	46
11	60
12	64
13	68
14	72
15	76
16	80

Actual Age	Age in Human Years
1	15
2	24
3	23
4	32
5	36
6	42
7	47
8	51
9	56
10	60
11	65
12	69
13	74
14	78
15	83
16	87

물론 무게와 품종, 사양 관리 수준에 따라서 개체마다 나이가 다를 수도 있지만, 보통 1년 남짓이면 개와 고양이 모두 성체가 된다. 개·고양이 나이로 7살이면 사람 나이로 마흔을 훌쩍 넘기게 되며, 14살이면 70대 할머니, 할아버지가 되어버린다.

생애주기를 보통 포유기, 이유기, 성장기, 유지기, 노령기 5단계로 나누어 볼 수 있다. 포유기는 어미의 젖을 통하여 성장에 필요한 영양소를 공급받는 시기이며 보통 생후, 2~3주령에 해당한다. 이유기는 어미의 젖을 떼는 시기로 보통 생후, 7~8주령에 해당하며, 이후 1년까지를 성장기로 분류할 수 있다. 성장기에는 골격과 근육, 장기 등의 신체 조직이 폭발적으로 발달한다. 폭발적인 성장 이후, 전반적인 몸의 상태를 유지하는 시기를 유지기라고 하며, 일반적으로 소·중형견과 고양이는 1~7세까지를, 대형견은 2~6세까지가 이 시기에 해당한다. 일생의 절반 이상이 유지기에 해당하기 때문에 오랜 기간동안 영양소의 관리가 절실히 필요한 시기이기도 하다. 이후 시기를 노령기로 분류할 수 있는데, 수의학의 발전으로 개와 고양이의 기대 수명이 늘어나고 있는 만큼 체계적인 영양 관리가 꾸준하게 지속되어야 하는 시기이다.

그림 8–1 개 · 고양이 생애주기

2절 포유기, 이유기, 성장기 사양관리

어미로부터 모유를 통하여 전적으로 영양분을 공급받는 생후 3주까지의 시기를 '포유기'라고 한다. 모유 속에 들어있는 영양소를 섭취하기 위한 목적뿐만 아니라 외부 병원체로부터 몸을 방어할 수 있는 모체이행항체가 포함된 초유를 섭취할 수 있는 매우 중요한 시기이다. 초유는 보통 분만 후 24~72시간 내에만 섭취가 가능하다.

면역은 크게 능동면역과 수동면역으로 나눌 수 있다. 능동면역이란, 외부 항원이 몸에 들어왔을 때, 항원에 적극적으로 반응함으로써 항원에 대한 특이적인 항체를 만들어내는 면역을 의미한다. 예를 들어 독감에 걸리거나 예방접종을 하였을 때, 1~2주 정도 잠시 열이 나거나 기운이 빠지는 시기가 지나면 자연스럽게 회복되는 것도 우리 몸에서 스스로 만들어낸 항체가 외루 항원에 반응한 결과라고 볼 수 있다. 반대로 수동면역이란, 이미 외부에서 항원 특이적으로 만들어진 항체를 몸에 주입하는 것을 의미한다. 외부 항원을 인식하고 항원 특이적인 항체를 만들어내는데 소요되는 시간이 없기 때문에 즉각적으로 항원을 물리칠 수 있다는 장점이 있지만, 몸이 항원을 기억하지 못하기 때문에 이후에 동일한 병원체가 몸에 들어오더라도 항체를 새로 만들어야 한다는 단점이 있다.

항체를 만들어내는 세포인 B 림프구는 항원을 기억할 수 있는 세포(일명, Memory B cell)를 일부 남겨둠으로써, 이후에 동일한 항원이 몸에 들어왔을 때 이를 기억하고 빠른 시간내에 항체를 만들어낸다.

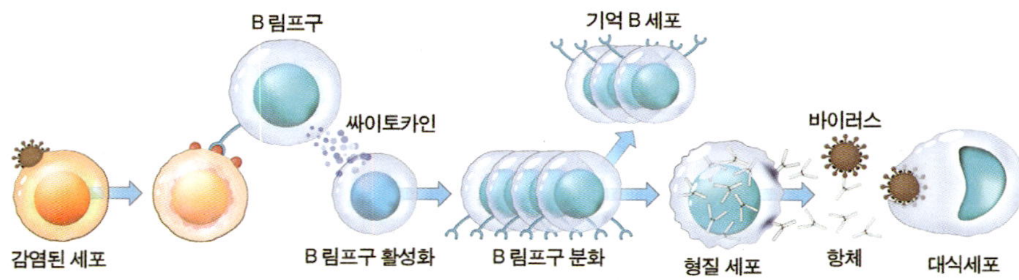

그림 8–2 B 림프구 활성화

초유에 포함된 모체이행항체를 섭취하는 것도 일종의 수동면역으로 볼 수 있다. 태어난 직후의 새끼에게는 외부 항원 자체가 치명적일 수 있기 때문에 일정 기간 동안에는 외부 항원이 몸에 들어와도 버틸 수 있도록 어미로부터 항체를 물려받는 것이다.

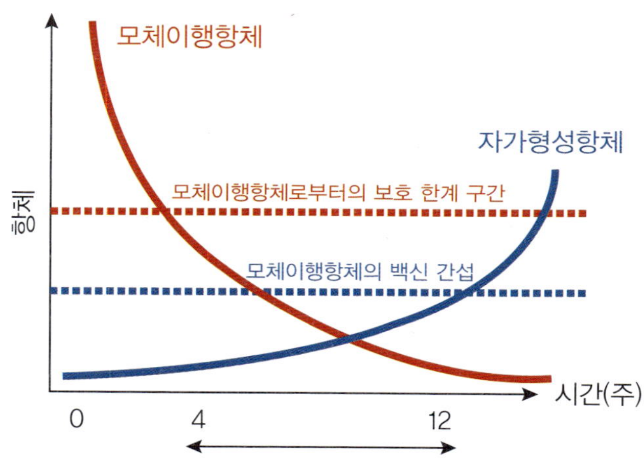

그림 8–3 개 · 고양이의 모체이행항체

출처: 반려동물, 생후 1년 골든타임 잡아야 평생 건강하다. 서울경제(sedaily.com)

하지만, 어미로부터 받은 모체이행항체는 시간이 지남에 따라서 조금씩 감소하면서 생후 12주가 지나면 대부분 소실된다. 사실 생후 4주가 지나면 모체이행항체로부터의 보호 한계 구간 이하로 항체가가 떨어지기 때문에 외부 병원체의 침입에 적절히 대응하기가 어렵다. 이와 같이 모체이행항체만으로는 외부 병원체로부터 몸을 적절히 보호하기 어려운 생후 4~12주의 시기를 '면역 공백기'라고 부른다. 그렇다고 생후 4주에 예방접종을 실시하기도 어려운데 그 이유는 생후 약 4~6주에 몸에 남아있는 모체이행항체가 예방접종의 효과를 저해하기 때문이다. 따라서, 모체이행항체가가 떨어져 있고 예방접종을 실시하기도 어려운 생후 4~6주에는 면역을 끌어올릴 수 있는 적절한 영양 섭취가 매우 중요하다. 생후 6주부터는 예방접종을 실시할 수 있다.

포유기에 어미로부터 젖을 먹기 어렵더라도 다른 동물의 젖을 물리는 것은 영양학적으로 적절치 않다. 동물마다 유즙의 영양소 구성이 천차만별이기 때문이다(아래 표). 소와 염소의 유즙에 들어있는 단백질, 지방, 칼슘의 함량이 어미 고양이와 개의 유즙에 들어있는 함량보다 매우 낮다. 또한, 어미 고양이의 유즙에 들어있는 젖당과 칼슘의 함량도 어미 개의 유즙에 들어있는 함량과 차이가 있기 때문에 어미 고양이의 젖을 새끼 강아지에게 물리는 것도 적절치 않을 수 있다.

표 8-2 동물종별 유즙의 영양소 구성

영양소	고양이	개	소	염소
물(g/100g)	79	77.3	87.7	7.0
조단백(g/100g)	7.5	7.5	3.3	3.6
조지방(g/100g)	8.5	9.5	3.6	4.1
젖당(g/100g)	4.0	3.3	4.7	4.0
칼슘(mg/100g)	180	240	119	133
대사에너지(kcal/100g)	121	146	64	69

어미 고양이나 개가 폐사하는 등의 부재로 인하여 어미의 젖을 물리기 어려운 경우에는 대용유를 새끼에게 공급한다. 대용유의 일반적인 영양소 밀도는 약 1kcal/mL이며 급여 권장량은 13~18mL/체중 100g으로 다양하다. 또한, 위 허용량을 고려한 새끼 강아지의 1회 급여량은 10~20mL, 새끼 고양이의 1회 급여량

은 3~10mL이므로 대용유를 급여할 때 참고하도록 한다.

그림 8-4 개(A)와 고양이(B) 대용유 예시

출처: Milks Archives – Pets Own

혈청 단백질과 Casein의 비율이 대용유의 품질을 결정한다. Casein은 개의 젖에서 가장 많은 비율을 차지하는 단백질이지만, 고양이의 젖에는 Casein과 혈청 단백질의 비율이 비슷하다. 개를 위한 대용유의 단백질과 Casein의 비율이 3:7인 것이 일반적이며, 고양이를 위한 대용유의 단백질과 Casein의 비율은 6:4에서 점차 5:5로 감소한다. 대용유에는 혈청 단백질과 Casein 이외에 동물성 및 식물성 지방과 비타민 그리고 미네랄이 풍부하다.

어미의 젖을 떼고 완벽한 고형 사료를 먹기 전까지의 과도기적인 시기를 '이유기'라고 한다. 이유기는 보통 생후 3주에서 4주 사이에 해당한다. 이 시기에는 어미 고양이나 개의 젖 생산량이 현저히 감소하는 시기이기 때문에 새끼가 자연스럽게 젖을 떼기도 한다. 이유는 어미에게 두 가지 이로운 점이 있는데 하나는 어미에게 영양소 섭취 및 제공의 부담을 줄일 수 있다는 점이며, 또 다른 하나는 유방의 울혈과 유선염의 발생을 줄일 수 있다는 점이다. 이유를 하기 위해서는 젖 생산을 완전히 중단하기 위하여 모든 새끼를 어미로부터 분리시켜야 한다. 또한, 어미의 신체 충실도(BCS, Body Condition Score)에 문제가 없다면 어미의 체중이 10~15% 이상 빠지지 않는 선에서 식이를 조절한다. 이유기 날짜에 따른 식이조절량은 아래 표와 같다.

표 8-3 어미의 이유기 식이조절

1일차	2, 3일 차	4일 차	5일 차	6일 차
절식	25% MER*	50% MER	75% MER	MER

* Maintenence Energy Requirement, 유지 에너지 요구량

보통 전 생애주기용으로 제조된 사료를 따뜻한 물에 불려 만든 진한 죽으로 이유식을 시작한다. 이때 중요한 점은 사료를 불린 물을 위생의 목적으로 버리지 않아야 하며, 새끼가 불린 물까지 되도록 섭취할 수 있도록 유도해야 한다는 것이다. 왜냐하면 사료를 물에 불릴 경우, 물에 잘 녹는 수용성 비타민이 불린 물에 함께 녹여 나오기 때문이다. 또한, 너무 뜨거운 물에 사료를 불리면 오히려 영양소가 파괴되거나 산화될 수 있으므로 이를 주의한다.

새끼 강아지와 고양이가 폭발적으로 성장하는 생후 1년 전후의 시기를 '성장기'라고 한다. 때문에 영양소에 대한 수요가 전 생애 기간 중 가장 많은 시기이기도 하다.

개는 품종에 따라 새끼의 정상 체중과 성장 속도가 매우 다양한 동물이다. 아래 표와 같이 개는 크기에 따라 5 단계로 나눌 수 있다.

표 8-4 크기에 따른 강아지 분류

분 류	체 중	체 고
초소형견	5kg 미만	25cm 미만
소형견	6~10kg	25~40cm
중형견	10~22kg	40~55cm
대형견	23~45kg	55~70cm
초대형견	45kg 이상	70cm 이상

출산 직후의 새끼 강아지의 체중은 품종마다 다양하다(아래 표).

표 8-5 개 품종별 새끼 강아지의 체중

품 종	어미 체중	출산 직후 새끼 체중	어미 체중 대비 새끼 체중
요크셔	2.5 kg	0.1 kg	4%
비글	13 kg	0.24 kg	1.85%
복서	28 kg	0.41 kg	1.5%
로트와일러	40 kg	0.45 kg	1.12%
세인트버나드	65 kg	0.65 kg	1%

개는 생애 초기에 성장 속도가 매우 빠르고, 5~6개월령 사이에는 성체 체중의 50%에 달한다. 소형 및 중형견은 9~10개월령에 성체 체중의 80%까지 성장하며, 12개월령에는 최대 크기로 성장한다. 대형 및 초대형견은 성장하는데 시간이 좀 더 걸리는데 11~15개월령이 되어야 성체 체중의 80%까지 성장하며, 18~24개월령에 최대 크기로 성장한다[그림 8-5].

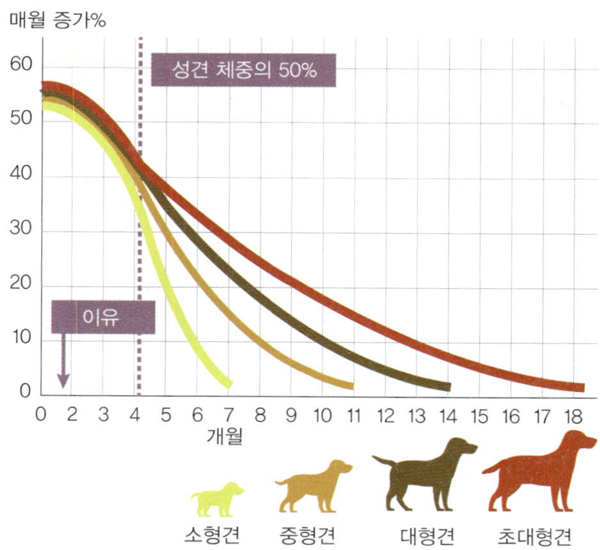

그림 8-5 품종별 체중 증가 평균 곡선

출처: 김현태(2022)

생후 4주 동안에는 매일 체중이 평균 5%씩 증가하며 체중이 증가하는 양상은 보통 'S자 곡선'을 그린다. 곡선의 변곡점에 따라 크게 3단계로 나눌 수 있으며, 단계별 특징은 다음과 같다.

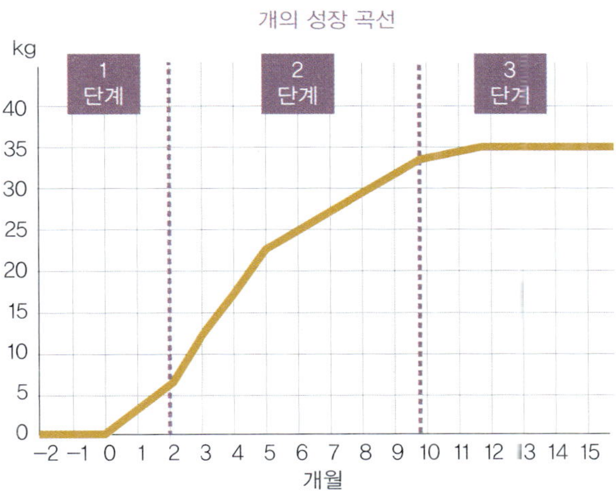

그림 8–6 개의 성장 곡선

출처: 김현태(2022)

① 1단계: 성장이 느리며, 대부분의 에너지 요구량은 영양소 비축과 휴식기 및 유지에 사용된다. 하루 대부분 수면을 취한다.

② 2단계: 이유기를 시작으로 성체 체중의 80%까지 도달하는 시기이다. 기하급수적으로 성장하며 이 시기 에너지의 50%는 유지에, 50%는 정상에 사용된다.

③ 3단계: 성장 속도는 느려지며, 대부분의 에너지가 유지에 사용된다. 골격의 생성은 완성되지만, 에너지의 일부는 근육 성숙에 사용된다.

성장기의 강아지에게는 양질의 칼슘과 단백질을 충분히 공급해 주어야 한다. 미국 사료 협회(AAFCO, Association of American Feeding Control Officials)에 따르면, 성장기의 개에 필요한 칼슘 기준치는 건물로서 최소 1%이다. 성장기에는 새로운 조직을 왕성하게 형성하므로 단백질이 필요하며, 성체보다 단백질 섭취를 더 많이 해야 한다. 성장기에 공급되는 사료의 최소 단백질 수준은 대사에너지(ME, Metabolizable Energy)의 22%이고, 최적 수준은 25%에서 29% 사이이다. 하지만, 성장기의 강아지는 성체보다 소화력이 떨어지기 때문에 이와 같이 에너지 요구량이 많다고 사료량을 한 번에 많이 늘려서는 안 된다.

성장기의 강아지에게 하루에 어느 정도의 사료를 먹이는 것이 좋을까? 이를 알기 위해선 먼저 하루에 필요한 칼로리와 일일 대사량을 알아야 한다. 아래 표는 성장기에 해당하는 강아지의 체중별 하루에 필요한 칼로리를 정리한 표이다. 이때, 기초 대사량(RER, Resting Energy Requirement)과 일일 에너지 요구량(DER, Daily Energy Requirement)을 알아야 하는데 기초 대사량은 체중에 따라 계산식이 달라지며 계산식은 아래와 같다.

① 체중이 3~18kg에 해당하는 경우

RER = 30 × 체중(kg) + 70

② 체중이 위의 범위를 벗어나는 경우

RER = 70 × 체중$(kg)^{0.75}$

일일에너지 요구량은 다음과 같은 계산식으로 계산할 수 있다.

DER = RER × 계수(Factor)

표 8-6 성장기 개의 체중별 하루에 필요한 칼로리

(단위: kcal)

	4개월까지	5~12개월
체 중(kg)	DER=RER × 3	DER=RER × 2
1	210	140
1.5	285	190
2	353	235
2.5	418	278
3	479	319
3.5	537	358
4	594	396
4.5	649	433
5	702	468
5.5	754	503
6	805	537
6.5	855	570
7	904	602
7.5	952	634
8	999	666
8.5	1,045	697
9	1,091	727
9.5	1,136	758
10	1,181	787
10.5	1,225	817

출처: 왕태미(2018).

계수를 산정하는 기준은 아래의 표와 같다.

표 8-7 기준에 따른 계수(개)

기 준	계 수
체중 감량이 필요한 경우	1.0
중성화된 성견	1.6
중성화되지 않은 성견	1.8
가벼운 운동을 하는 경우	2.0
중간 정도의 운동을 하는 경우	3.0
심한 운동을 하는 경우	4.0~8.0
임신 초기 6주	1.8
임신 후기 3주	3.0
수유 중인 모견	4.0~8.0
4개월 미만의 강아지	3.0
4개월부터 성견 전까지의 강아지	2.0

출처: 조우재 외 8인(2024).

성장기에 중요한 아미노산에는 Arginine과 Histidine이 있다. Ornithine만으로는 성장 단계에서 요소회로를 유지하기 어렵기 때문에 Arginine이 필요하다. 개나 고양이에서는 자체적으로 합성하는 Arginine 양이 부족할 뿐만 아니라, Arginine이 결핍되면 고암모니아혈증에 의한 신경 질환이 유발되기 쉽기 때문에 사료를 통한 보충이 필요하다. 또한, Arginine 결핍은 대형견에서 백내장을 유발할 수 있다고 알려져 있다. Histidine은 다양한 신경 활성 전구체 합성에 관여하기 때문에 결핍되었을 때 식욕 부진과 체중 감소를 유발한다.

요소회로(Urea cycle)는 일명 Ornithine 회로로도 알려져 있다. 단백질을 대사하면서 만들어진 유독한 암모니아를 간에서 몸에 해롭지 않은 요소로 바꾸어 소변을 통해 체외로 배출하는 기전이다(아래 그림). 아래 그림과 같이 Arginine이 부족하면 암모니아가 요소로 전환되기 어려워져 체내에 암모니아가 쌓이게 되고 고암모니아혈증이 유발될 수 있다.

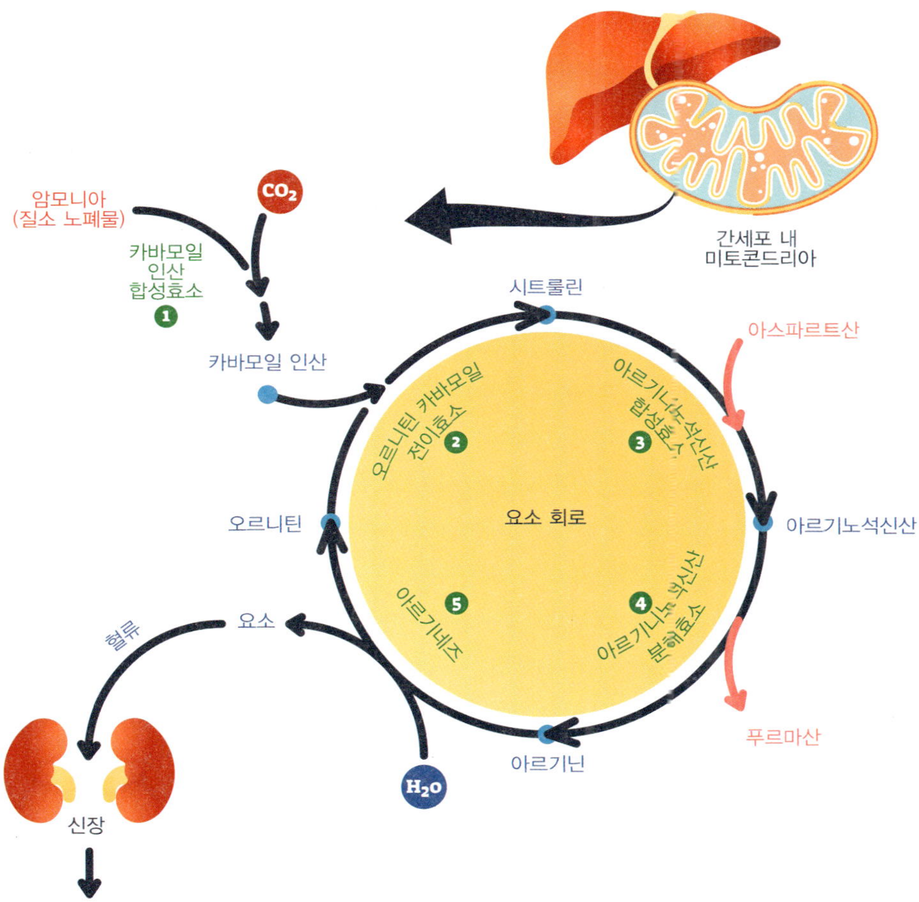

그림 8-7 요소회로

개와는 달리 고양이는 품종에 따라서 크기나 형태가 다양하지 않다. 새끼 고양이는 보통 10주령에 에너지 요구량이 가장 높고, 이 시기가 지나면 점점 감소하지만 생후 6개월까지는 비교적 높은 수준을 유지한다. 또한, 새끼 고양이는 고양이의 특성상, 음식을 한 번에 많이 먹을 수 없기 때문에 높은 에너지 요구량을 충족하기 위하여 에너지 밀도가 높은 사료를 먹이는 것이 좋다. 하지만, 신체 충실도가 4/5 또는 6/9인 성장기 고양이에게는 비만을 예방하기 위하여 에너지 밀도가 높은 사료보다는 낮은 사료를 주어야 한다.

개와 고양이는 기본적으로 사료와 물을 섭취하는 성향이 완전히 다르다. 개는 충동적으로 물을 마시며, 다량의 물을 한 번에 섭취하기 때문에 탈수로 인한 수분 손실을 빠르게 채울 수 있는 반면에 고양이는 물을 천천히 마시며, 탈수로 인한 수분 손실을 빠르게 채울 수 없다. 또한, 고양이는 요 농축 능력이 뛰어나기 때문에 소량의 물을 섭취해도 몸에 필요한 물 요구량을 충족시킬 수 있다. 개는 다량의 사료를 매우 짧은 시간 내에 섭취할 수 있는 반면에 고양이는 적은 양의 사료를 하루에 여러 번 나누어 먹는다.

고양이는 생후 6개월까지 1주일마다 평균 100g의 체중이 증가한다(아래 그림). 수컷 고양이는 하루에 평균 20g, 암컷 고양이는 하루에 평균 10g씩 체중이 늘어나는데 생후 10개월에는 성장판이 닫히고 1년이 되면 성숙 단계가 되어 체중의 증가 폭이 작아진다.

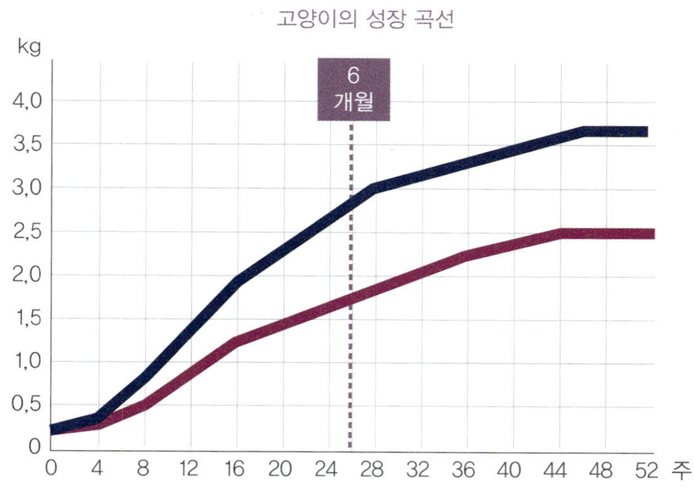

그림 8-8 고양이의 성장 곡선

출처: 김현태(2022).

성장기의 고양이에게는 강아지와 마찬가지로 양질의 단백질을 충분히 공급해 주어야 하는데 고양이는 육식동물이기 때문에 공급되는 단백질의 상당량(약 19%)은 동물성이어야 한다. 또한, 새끼 고양이는 다른 동물보다 Taurine, Cysteine, Methionine과 같은 황을 함유한 아미노산을 많이 필요로 한다. 특히, 고양이는 Methionine과 Cysteine을 Taurine으로 전환하는 효소의 활성이 낮기 때문에 자체적으로 합성할 수 있는 능력이 부족하다.

Taurine은 성장기 고양이에게 눈과 시력 발달에 매우 중요하다. 생후 6주에 발생한 결핍이 4개월 이상 지속되면 망막의 광수용체가 퇴화되어 실명하게 된다. Taurine은 고양이의 몸에서 다양한 기능을 하는 데 Taurine의 역할은 아래와 같다.

① 중추 신경계의 신경 전달 물질
② 체온 조절
③ 삼투압을 조절
④ Renin－angiotensin－aldosterone계와 상호작용
⑤ 독성 물질 제거
⑥ 태아의 발생과 성장
⑦ 항산화
⑧ 면역 체계 작용
⑨ 망막의 온전성 유지

개와 마찬가지로 고양이의 경우에도 하루에 필요한 칼로리와 일일 대사량을 체중을 바탕으로 알 수 있다. 아래는 성장기에 해당하는 고양이의 체중 별 하루에 필요한 칼로리를 정리한 표이다.

표 8-8 성장기 고양이의 체중별 하루에 필요한 칼로리

(단위: kcal)

체 중(kg)	12개월 이하 DER=RER × 2.5
1	175
1.5	237
2	294
2.5	348
3	399
3.5	448
4	495
4.5	541
5	585
5.5	629
6	671
6.5	712
7	753
7.5	793

출처: 왕태미(2018)

계수를 산정하는 기준은 아래의 표와 같다.

표 8-9 기준에 따른 계수(고양이)

기 준	계 수
생후 12주 이하	3.0
4~7개월령 미만	3.0
7개월~12개월 미만	2.0
12개월 이상, 중성화하지 않은 고양이	1.4
12개월 이상 중성화한 고양이	1.2

12개월 이상 활동량이 많은 고양이	1.6
12개월 이상 비만 고양이	0.8

출처: 조우재 외 8인(2024)

이외 성장기에 필요한 아미노산에는 Tryptophan, Phenylalanine, Tyrosine이 있다. Tryptophan의 결핍은 사료 섭취량의 감소로 이어지며, Phenylalanine과 Tyrosine이 결핍되면 털 색깔이 옅어지고 걸음걸이가 불안정하지며 과도한 유연을 일으키는 신경 질환이 나타날 수 있다.

몸에서 합성되지 않아 음식이나 사료를 통하여 섭취하여야 하는 아미노산을 필수 아미노산이라고 하는데 사람에게 필요한 필수 아미노산은 총 9종인 반면, 개의 경우는 10종, 고양이의 경우에는 11종이다〈표 8-10〉.

표 8-10 사람, 개, 고양이의 필수 아미노산

사람	개	고양이
Valine	Valine	Valine
Leucine	Leucine	Leucine
Isoleucine	Isoleucine	Isoleucine
Threonine	Threonine	Threonine
Methionine	Methionine	Methionine
Phenylalanine	Phenylalanine	Phenylalanine
Tryptophan	Tryptophan	Tryptophan
Lysine	Lysine	Lysine
Histidine	Histidine	Histidine
	Arginine	Arginine
		Taurine

사료의 최소 단백질 수준은 대사에너지의 26%이며, 최적 수준은 29%이다.

9장 유지기, 노령기

학습목표

1. 비만의 유발 기전과 사료 교체 방법을 설명할 수 있다.
2. 개와 고양이의 신체 충실도 (body condition score, BCS)를 설명할 수 있다.
3. 노화의 기전을 설명할 수 있다.

1절 유지기의 사양관리

개의 경우, 성장기에 해당하는 생후 1년 이후부터 노령기에 접어드는 생후 7년 이전까지의 시기를 유지기라고 한다. 일생의 대다수를 보내는 시기인 만큼 적절한 영양 관리가 이루어지지 않는다면 비만과 같은 질환에 이환되기 쉬운 시기이기도 하다. 개나 고양이가 좋아하는 기호만을 생각하여 주식인 사료 대신에 간식을 많이 주는 보호자들이 많다. 하지만, 주의해야 할 점은 간식도 일일에너지요구량(DER, Daily Energy Requirement)을 고려해서 주어야 한다는 것이다. 일반적으로 간식은 일일에너지요구량의 10%를 넘지 말 것을 권장한다.

비만은 섭취한 에너지가 소비한 에너지보다 많을 때 생긴다. 대표적인 주요 원인으로 간식의 과잉 급여, 기호성이 높은 건사료의 자율급식, 운동 부족, 중성화 수술, 내분비 장애에 의한 렙틴(leptin) 호르몬의 분비 이상 또는 렙틴 호르몬의 저항성 등이 있다.

식욕을 조절하는 기전은 다음과 같다.

① 렙틴은 지방에서 분비되는 호르몬이기 때문에 지방세포가 커질수록 체내에 렙틴이 많이 분비된다.
② 공복 시에 위에서는 그렐린이 분비되어 식욕촉진뉴런을 촉진한다.
③ 렙틴이 식욕억제뉴런을 활성화하고 식욕촉진뉴런을 억제한다.
④ 활성화된 식욕억제뉴런과 식욕촉진뉴런의 균형을 통하여 식욕이 조절된다.

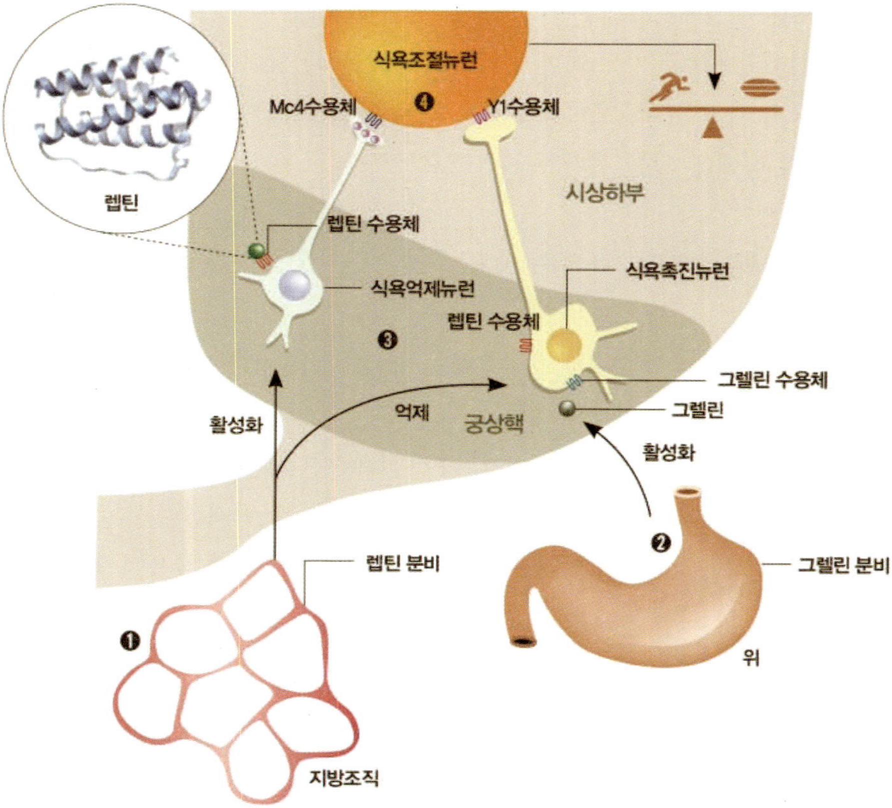

그림 9-1 렙틴의 식욕억제뉴런과 식욕촉진뉴런에 미치는 영향

출처: 1994년 제프리 프리드먼 교수의 렙틴 유전자 발견: 동아사이언스(dongascience.com)

사료를 자주 변경하면 배탈이 나서 설사를 하거나 구토를 할 수 있다. 이는 새로운 사료를 소화시킬 수 있는 효소가 만들어지지 않았기 때문인데 새로운 사료를 소화하기 위한 효소가 생성되는데 보통 5~7일 정도 걸린다. 따라서 사료를 바꿀 계획이 있다면 기존 사료를 다 소비한 후에 새로운 사료를 들여오지 말고 기존 사료가 일주일에서 열흘 치 정도 남아있을 때 미리 구입하는 것이 좋다. 사료를 바꿀 때는 기존에 먹이던 사료의 1일 급여량과 새로 들여올 사료의 1일 급여량을 고려하여 천천히 바꿔준다.

예시) 사료 교체 방법

1~2일: 기존 사료 75% + 새로운 사료 25%

3~4일: 기존 사료 50% + 새로운 사료 50%

5~7일: 기존 사료 25% + 새로운 사료 75%

7~10일 이후: 새로운 사료 100%

적절한 영양 관리가 이루어지고 있는지를 육안으로 가장 쉽게 확인할 수 있는 지표가 바로 신체 충실도(BCS, Body Condition Score)이다. 보통 5단계 혹은 9단계로 나누며, 이상적인 적정 BCS는 9점 만점에 4~5점에 해당한다. BCS를 평가할 때 허리 라인, 갈비뼈가 드러나는 정도와 복부 턱라인이 점수 판정에 중요한 기준이 된다. 아래 표는 개의 BCS 기준표이다.

표 9-1 개의 BCS 기준표

점수	구 분	특 징	사진 자료
1	마름	• 갈비뼈, 요추, 골반뼈 및 모든 뼈 돌출부가 멀리서 뚜렷하게 보임 • 식별 가능한 체지방이 없음 • 근육량의 명백한 손실이 있음	
2		• 갈비뼈, 요추, 골반뼈 및 모든 뼈 돌출부가 쉽게 확인 가능 • 만져지는 지방이 없음 • 근육량 소실이 뚜렷	
3		• 갈비뼈는 쉽게 만져지고 만져질 수 있는 지방이 적게 분포 • 요추의 꼭대기가 보임 • 골반뼈가 두드러짐 • 복부는 홀쭉하고 허리가 명확함	

점수	구 분	특 징	사진 자료
4	적정	• 갈비뼈가 쉽게 만져지고 지방이 조금 덮여 있음 • 위에서 봤을 때 허리가 쉽게 구분됨 • 허리가 홀쭉하고 탄탄함	
5		• 지방이 과도하게 축적되지 않은 상태로 갈비뼈가 만져짐 • 위에서 보았을 때 갈비뼈 뒤로 허리가 보임 • 옆에서 봤을 때 복부가 홀쭉함	
6	과체중	• 갈비뼈가 약간의 지방층과 함께 만져짐 • 위에서 보았을 때에만 허리가 보이나 명확하지는 않음 • 약간의 복부 경사가 있음	
7		• 갈비뼈를 만지기 어렵고 허리와 꼬리 기부에서 더 명확하게 보이는 두꺼운 지방층이 있음 • 허리가 없거나 거의 보이지 않음 • 약간의 복부 경사가 있음	
8		• 상당한 압력을 주었을 때, 두꺼운 지방층 아래로 갈비뼈가 만져짐 • 허리 부위와 꼬리 기부에 큰 지방층이 있음 • 허리가 구분되지 않음 • 복부가 쳐져 있고 늘어나 있음	
9		• 흉부, 척추와 꼬리 기부에 상당한 지방이 있음 • 목과 다리에도 지방이 있음 • 허리가 구분되지 않으며 복부는 축 처져 있음	

사진 출처: Body Condition Score, Royal Canin

고양이의 경우, 성장기에 해당하는 생후 1년 이후부터 노령기에 접어드는 생후 8년 이전까지의 시기를 유지기라고 한다. 고양이는 개와는 달리 품종과 관계

없이 일반적으로 실내에서 생활하기 때문에 활동성에 따라 에너지 필요량에 큰 차이를 보이지 않는다.

보호자들이 고양이의 귀여운 외모 때문에 대표적으로 오해하기 쉬운 점중에 하나는 고양이는 엄연히 단백질을 많이 섭취해야 하는 '육식 동물'이라는 것이다. 고양이의 대표적인 섭식 행동의 특징은 다음과 같다.

① 고양이는 적은 사료의 양을 하루에 10~20차례 나누어 먹는다. 다량의 사료를 일일 요구량이 충족할 때까지 한 번에 섭취하는 개와는 대조적인 부분이다.

② 야생 고양이는 주로 사냥감의 단백질이 풍부한 근육 부위를 먹으며, 식물 성분의 향미를 싫어하기 때문에 사냥감의 위장관은 먹지 않는다. 이에 반하여 야생 개는 사냥감의 근육뿐만 아니라 내장도 함께 섭취한다.

③ 고양이는 요 농축 능력이 뛰어나 소량의 수분만 마셔도 충분할 수 있지만 개는 충동적으로 많은 양의 물을 섭취한다.

개와 마찬가지로 신체 충실도를 통하여 고양이의 영양 관리 상태를 평가할 수 있다. 아래 표는 고양이의 BCS 기준표이다. BCS를 평가할 때 허리 라인, 갈비뼈가 드러나는 정도와 복부 턱라인이 점수 판정에 중요한 기준이 된다.

표 9–2 고양이의 BCS 기준표

점수	구분	특 징	사진 자료
1	마름	• 짧은 털 고양이에게서 갈비뼈가 쉽게 확인 • 지방 패트가 없음 • 쉽게 보고 만질 수 있는 요추 및 골반뼈	
2	마름	• 짧은 털 고양이에게서 갈비뼈가 쉽게 보임 • 복부 턱이 분명히 확인됨 • 지방 패드 없음	
3	마름	• 갈비뼈가 쉽게 느껴짐 • 허리 라인이 확연히 구분됨 • 최소의 복부 지방 패드	
4	적정	• 최소한의 지방을 덮고 있는 갈비뼈 • 확연한 허리 라인 • 약간의 복부 턱 • 최소 복부 지방 패드	
5	적정	• 균형 잡힌 몸 • 약간의 지방이 갈비뼈를 덮고 있음 • 허리가 보이지만 뚜렷하지 않음 • 최소의 복부 지방 패드	
6	과체중	• 약간의 과도한 지방이 갈비뼈를 덮고 있음 • 복부 턱이 없음 • 허리가 잘 보이지 않음 • 복부가 약간 둥그스름함	
7	과체중	• 갈비뼈가 쉽게 느껴지지 않음 • 허리가 잘 보이지 않음 • 복부가 약간 둥그스름함	

점수	구분	특 징	사진 자료
8	과체중	• 갈비뼈를 과도한 지방이 덮고 있음 • 허리가 없음 • 두드러진 복부 지방 패드로 복부가 둥글게 보임 • 허리 부분에 지방이 두껍게 잡힘	
9		• 두꺼운 지방 덮개 때문에 갈비뼈가 만져지지 않음 • 사지에 지방이 많이 축적되어 있음 • 허리가 없음 • 복부의 지방이 광범위하게 축적되어 있음	

사진 출처: Body Condition Score, Royal Canin

2절 노령기의 사양관리

유지기 이후에 노화가 진행되는 시기를 노령기라고 한다. 수의학의 발전과 영양학적 관리를 통하여 개와 고양이의 평균 수명이 점차 늘어나고 있다. 개의 평균 수명은 13년 정도이며, 최대 수명은 27년에 달하는 것으로 알려져 있다. 고양이의 경우에는 개와는 달리 품종 간에 노화나 수명에 차이를 보이지 않으며, 평균 수명은 14년 정도이며, 최대 수명은 25~35년으로 개보다 느리게 노화 과정이 진행되는 것이 특징이다. 개는 보통 더 큰 품종이 작은 품종보다 더 빨리 노화한다.

표 9-3 개와 고양이의 노령기 시작 연령

분 류	체중	노령기 시작 연령
소형견	9 kg 미만	11.5년
중형견	9 ~ 22 kg	10년
대형견	22 kg ~ 40 kg	8.8-9년
초대형견	40 kg 초과	7.5년
고양이	-	12년

일반적인 영양학적 요구 조건이 알려져 있는 다른 생애 주기와는 달리 노령기는 영양학적 관리 수준, 유전 등의 외부 조건에 따라서 개체별로 시기에 차이가 있을 수 있다. 즉, 저품질의 사료를 섭취하거나 잘못된 생활 방식을 가지고 있으면 나이가 어리더라도 노화가 빨리 찾아올 수 있으므로 건강한 생활 습관을 유지하는 것이 중요하다.

노화란 생리적 및 외적 환경 스트레스로 인하여 항상성을 유지할 수 있는 능력이 감소하여 죽음에 이르는 복합적인 생물학적 과정이다. 노화와 관련하여 다양한 생물학적 이론이 있다.

① 텔로미어(Telomere) 이론

텔로미어는 염색체를 보호하는 역할을 하는데 나이가 들어 세포가 분열할 때마다 텔로미어가 점점 짧아져서 노화와 관련한 세포 손상을 일으킨다는 이론이다.

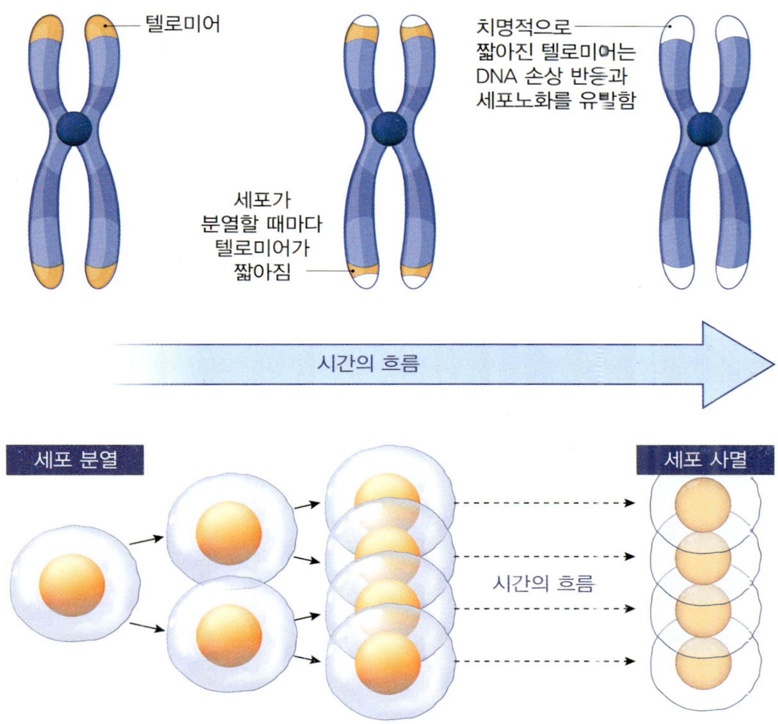

그림 9-2 노화에 따른 텔로미어의 단축

② 유전자 돌연변이(Gene Mutation) 이론

DNA 복구시스템의 작동이 비정상적일 경우에 일부 유전자 정보가 상실되어 돌연변이 세포가 생성되는데 이러한 돌연변이 세포들이 누적되면서 노화가 일어난다는 이론이다.

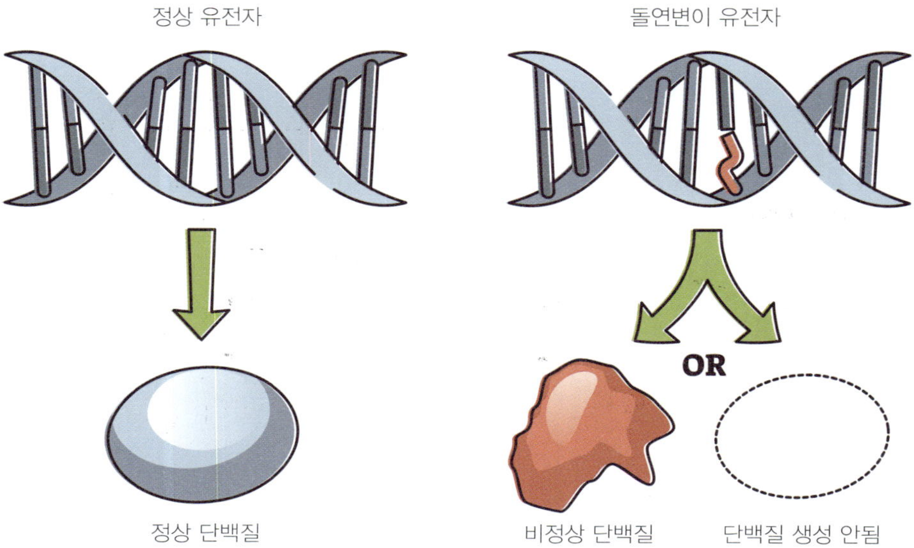

그림 9-3 유전자 돌연변이

③ 미토콘드리아(Mitochondria) 이론

미토콘드리아에서 ATP를 생성하는 과정 중에 발생한 유해한 free radical에 의해 세포가 손상되어 노화가 일어난다는 이론이다.

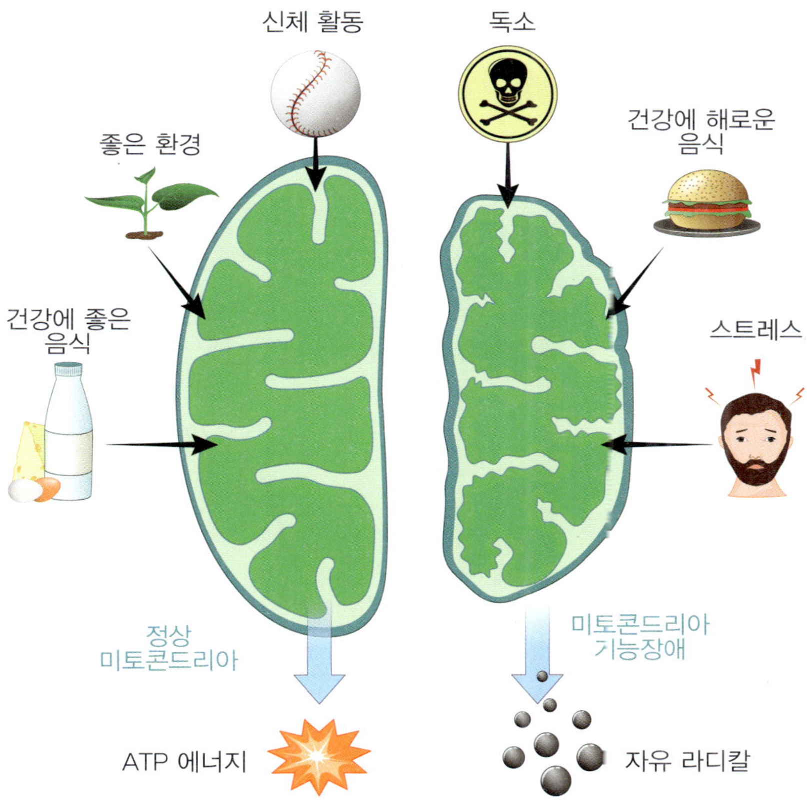

그림 9-4 미토콘드리아에서 생성되는 ATP와 free radical 미토콘드리아와 노화 과정.

④ 노폐물 누적 이론

체내에 해로운 물질과 노폐물이 점진적으로 축적되어 세포 기능을 방해하면서 노화가 일어난다는 이론이다. 축적되는 대표적인 노폐물에는 리포푸신(lipofuscin)이 있다.

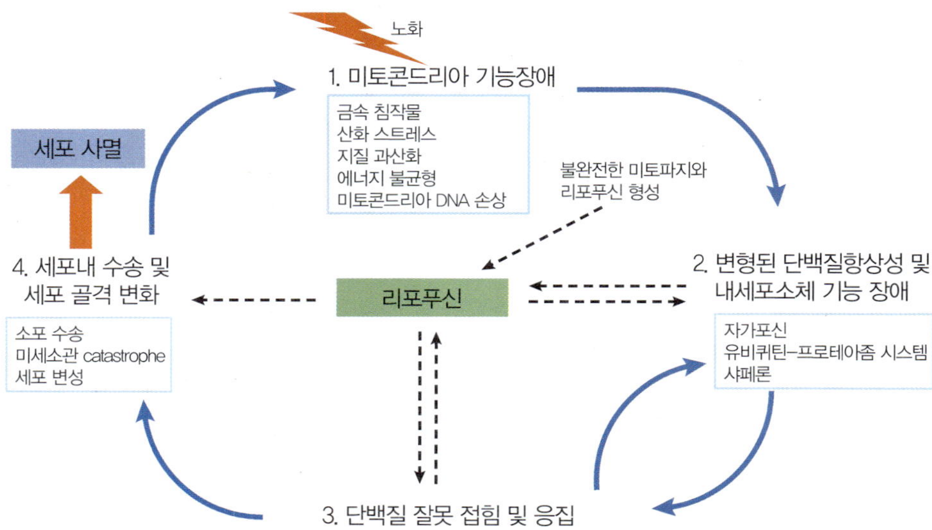

그림 9-5 리포푸신과 노화의 관계

출처: Alexandra Moreno-Garcia et al., An overview of the Role of Lipofuscin in Age-Related Neurodegeneration, Front Neurosci, 2018, 12:464)

개와 고양이는 노령화가 될수록 자연스럽게 대사가 느려지며, 이에 따라 에너지 요구량도 함께 감소한다. 노화로 인하여 발생할 수 있는 신체 변화는 다음과 같다.

① 혀의 미뢰와 비강 내 신경 말단부가 감소하여 식이에 대한 흥미를 잃을 수 있다.

② 공복 시, 위에서 분비되는 그렐린의 농도가 감소하여 식욕이 줄어든다.

③ 노령견의 경우, 장내에 *Clostridium* spp., *Streptococcus* spp., *E. coli*, *Lactobacillus* spp., *Bacteriodes* spp.과 같은 세균이 장내에 늘어나고, 반대로 *Bifidobacterium* spp., *Eubacteria* spp.와 같은 세균은 감소하는 등 장내 미생물총이 변화함으로써 소화계통의 생리에 영향을 미친다.

④ Insulin 저항성에 따라 혈당 조절에 더 긴 시간이 필요하다.

⑤ 혈중 Arachidonic acid와 Eicosapentaenoic acid과 같은 불포화 필수 지방산 농도가 감소한다.

⑥ B 세포 수는 감소하는 반면, T 세포 수는 증가한다.

⑦ 기초 대사량의 저하와 함께 체내 근육량, 골조직, 수분 함량이 감소하고 반대로 지방 조직은 축적된다.

⑧ 신장과 심장의 기능이 떨어져 관련 질환이 쉽게 유발된다.

현재까지 노화를 늦추고 수명을 연장하는 유일한 방법은 칼로리 섭취를 줄이는 것이다. 필수영양소 요구량을 충족시키면서 칼로리 섭취량을 20~30% 줄이면 노화, 암 발생, 신장 질환 및 면역매개질환을 현저히 줄일 수 있다고 알려져 있다. 이와 같은 칼로리 제한이 갖는 이점은 다음과 같다.

① 기대 수명의 증가

② 근육 손실량의 감소

③ 만성 질병 발현시기의 감소

④ 체중 감소

⑤ 골질의 개선

⑥ 면역 반응 개선

⑦ DNA 손상 감소

⑧ 혈당 및 Insulin 저항성 감소

10장 영양소 불균형과 질환

학습목표

1. 영양소 불균형과 질환과 관계를 알고 있다.
2. 영양소 결핍 또는 과잉에 따른 질환과 증상을 알 수 있다.
3. 특정 질환에서 예방과 치료에 도움을 줄 수 있는 영양학적 관리를 할 수 있다.

1절 영양소와 영양소 불균형

1. 영양소(Nutrient)

영양소는 생물체가 정상적으로 성장하고 유지하며, 번식을 위해서 필요한 영양이 되는 모든 물질을 말한다. 영양소는 에너지 공급원으로서 사용되거나 세포나 조직을 형성하는 재료가 되기도 하고, 몸 안에서 일어나는 각종 대사 작용에 관여한다. 이러한 생명현상에 필요한 필수적인 영양소는 탄수화물, 단백질, 지질, 비타민(vitamin), 광물질(mineral)이 있다.

필수 영양소와 비필수 영양소 모두 정상적인 생명현상을 위해 꼭 필요하다. 필수 영양소는 동물 몸 안에서 만들 수 없기 때문에 반드시 몸 밖에서 섭취를 해야만 하고, 반면에 비필수 영양소는 다른 영양소를 변환하여 몸 안에서 만들 수 있다는 특징이 있다. 또한 영양소마다 그 기능을 위해서 다량으로 공급되어야 하고 조금 부족하다고 문제가 생기지 않는 것들도 있지만 반대로 기능을 위해서 매우 소량만 있어도 괜찮지만 없으면 문제가 생기는 것도 있다.

야생동물이 아닌 사람의 목적에 의해서 길러지는 반려동물과 산업동물은 사람이 공급하는 사료를 통해서 거의 대부분의 영양소를 얻게 된다. 동물 몸 안에서 일어나는 각종 대사 작용과 정상적인 생리적 반응들은 모두 균형을 유지하고 있는데, 특정 영양소가 과잉되거나 부족할 경우 이러한 균형이 깨지면서 결국 질환으로 나타날 수 있다.

이 장에서는 대표적인 반려동물인 개와 고양이에서 영양소 불균형으로 인하여 발생할 수 있는 질환과 예방이나 치료에 도움을 줄 수 있는 영양학적 관리에 대하여 기술하고자 한다.

2. 영양소 결핍증

일반적으로 영양소 불균형으로 발생할 수 있는 질환의 대부분의 원인은 특정 영양소가 결핍인 경우이다. 특히 매우 소량만 있어도 되지만 부족하면 문제가 생기는 영양소가 결핍되었을 때 발생하게 된다. 가장 대표적인 영양소 결핍증은 비타민 결핍과 광물질 결핍에 해당한다.

1) 비타민 결핍증

(1) 지용성 비타민

① 비타민 A 결핍증

비타민 A는 시력 유지와 주요 기관의 상피세포 유지, 뼈 성장과 발달, 면역작용과 생식기능에 관여하는 영양소이다. 다음은 비타민 A가 결핍되었을 때 발생할 수 있는 증상이다.

- 성장 정체
- 심한 설사
- 식욕 감소
- 기생충에 대한 저항성 감소
- 털 불량과 피부 건조
- 야맹증과 시각 장애
- 생식 장애

② 비타민 D 결핍증

비타민 D는 혈중 칼슘 이온 농도를 정상으로 유지시키는 항상성(homeostasis) 조절과 뼈 성장과 발달에 관여하는 영양소이다. 보통 4~6개월 이상 결핍이 되어야 임상증상이 관찰된다(Miller 외, 2022). 다음은 비타민 D가 결핍되었을 때 발생할 수 있는 증상이다.

- 어린동물: 구루병(rickets)
- 성체: 골연화증(osteomalacia), 골다공증(osteoporosis)

③ 비타민 E 결핍증

비타민 E는 항산화작용으로 세포 보호와 면역세포 활성으로 면역기능을 향상시키는 영양소 이다. 비타민 E 기능에 광물질인 셀레늄(Selenium; Se)이 밀접한 연관이 있으며 셀레늄 섭취량이 부족하거나 몸 안의 과드한 과산화 반응으로 결핍된다(Van Vleet, 1975).

- 식욕 저하
- 근육 위축이나 퇴행

④ 비타민 K 결핍증

비타민 K는 이름의 어원에서 알 수 있듯이 혈액응고(coagulation; 덴마크어)에 관여하는 영양소이다. 환경에서 널리 분포하여 얻기 쉽고 장내 미생물에 의해 합성되므로 개와 고양이를 포함한 대부분 동물에서 결핍증은 드물다.

- 혈액응고 지연

(2) 수용성 비타민

① 비타민 B1(thiamin) 결핍증

비타민 B1은 탄수화물 대사 과정에서 조효소로 작용하여 탄수화물을 에너지로 변환하는 데 관여하는 영양소이다. 기본적으로 섭취량이 부족하거나 흡수가 되지 않아서 결핍증이 발생한다.

- 각기병(beriberi)
- 서맥(bradycardia)
- 체온 저하

② 비타민 B2(riboflavin) 결핍증

비타민 B2는 탄수화물을 포함한 단백질, 지질의 대사 과정에 관여하는 영양소이다. 복합체를 이뤄서 기능을 하고 있어서 단독으로 결핍되어 이상증상이 나타나는 것은 드물다.

- 설염
- 구순구각염

③ 비타민 B3(niacin) 결핍증

비타민 B3는 탄수화물, 단백질, 지질의 대사 과정에 관여하고 손상된 DNA를 복구하는 데 관여하는 영양소이다. 다음은 비타민 B3가 결핍되었을 때 발생할 수 있는 증상이다.

- 식욕 결핍, 성장 정체, 쇠약(weakness)
- 설사 등 소화기 증상

④ 비타민 B5(pantothenic acid) 결핍증

비타민 B5는 동물에서 극히 미량으로 존재하지만 에너지 대사에 관여하는 중요한 영양소이다.

- 개: 구토, 위염, 장염과 같은 소화기 질환과 흉선과 신장 출혈

⑤ 비타민 B6(pyridoxine) 결핍증

비타민 B6는 단백질 대사 과정에 조효소로 작용하는 영양소이다. 또한 항체형성에도 관여하고 있다. 다음은 비타민 B6가 결핍되었을 때 발생할 수 있는 증상이다.

- 성장 정체
- 피부염, 부분적 탈모
- 경련,

⑥ 비타민 B7(biotin) 결핍증

비타민 B7은 예전에 비타민 H로도 불리었던 영양소르 동물에서 매우 소량만 필요하다. 달걀흰자에 있는 avidin이 biotin 흡수를 방해하는 것으로 알려져 있으나 일상에서 biotin 결핍에는 영향을 주지 않는다.

- 각질성 피부염, 탈모

⑦ 비타민 B9(folic acid) 결핍증

비타민 B9은 예전에 비타민 M으로 불리었던 영양소로 엽산이라는 명칭이 더 익숙하다. 골수에서 정상적인 적혈구 형성에 관여한다. 특히 태아 발생 초기에 엽산이 결핍될 경우 신경관 결손이 발생할 수 있다.

- 거대적아구성빈혈

⑧ 비타민 B12(cyanocobalamin) 결핍증

비타민 B12는 현재까지 발견된 비타민 중 가장 마지막에 발견되었고 금속 광물질인 코발트(cobalt; Co)를 함유하고 있어 동물성 식픔에 많이 함유되어 있다. 사람에서는 비타민 B12가 결핍될 경우 악성빈혈이 발생하지만 동물은 특별히 빈혈증상은 나타나지 않는다(Kather 외, 2020).

- 식욕 결핍, 성장 정체
- 지방간

⑨ 비타민 C(ascorbic acid) 결핍증

비타민 C는 콜라겐 합성과 철의 흡수, 상처회복과 면역기능, 항산화효과에 관여하는 영양소이다. 참고로 개와 고양이를 포함한 대부분 동물은 비타민 C를 몸 안에서 합성할 수 있으나 사람, 영장류, 기니피그는 합성할 수 없어서 반드시 섭취해야 한다.

- 괴혈병
- 성장 장애, 골격 형성 이상

⑩ 콜린(choline)

예전에 비타민 B4로 불리었으나 현재는 콜린이라는 이름으로 부르고 있다. 비타민 중 가장 요구량이 많은 영양소이다.

- 지방간
- 보행 장애
- 생식 장애

2) 광물질 결핍증

(1) 필수 다량광물질(macro mineral) 결핍증

① 칼슘(calciuml Ca)

칼슘은 뼈와 이빨 형성뿐만 아니라 혈액응고와 근육수축, 신경전달 기능에 관여하는 영양소이다(Cline, 2012).

- 어린동물: 구루병(rickets)
- 성체: 골연화증(osteomalacia), 골다공증(osteoporosis)
- 칼슘 테타니(tetany)

② 인(phosphate; P)

인은 칼슘과 더불어 뼈와 이빨 형성에 관여하는 중요한 영양소로, 에너지 대사에서 ATP 형성, 산-염기 균형 유지에도 관여한다.

- 칼슘 결핍 증상과 유사

③ 나트륨(sodium, Na)

나트륨은 세포외액의 주요 양이온으로 삼투압과 산-염기 평형에 관여하고 근육수축 기능을 한다.

- 식욕 결핍, 성장 저하
- 생식 장애(수컷-불임, 암컷-성성숙 지연)

④ 염소(chlorine, Cl)

염소는 나트륨과 더불어 세포외액의 주요 음이온으로 삼투압과 산-염기 평형에 관여한다. 위산(HCl)의 재료로 사용된다.

- 식욕 결핍, 성장 저하

⑤ 마그네슘(magnesium; Mg)

마그네슘은 해당과정에서 효소활성제 역할과 칼슘, 인과 함께 골격형성에 관여하는 영양소이다.

- 평형 상실, 경련성 과민반응
- 혈관 확장
- 마그네슘 테타니

⑥ 칼륨(potasium, K)

칼륨은 세포내액의 주요 양이온으로 삼투압과 산-염기 평형에 관여하고 근육 수축 기능을 한다.

- 식욕 결핍, 성장 저하
- 심부전, 근육 약화
- 설사

⑦ 황(sulfur, S)

황은 황 함유 아미노산, 비타민 B군의 구성 성분으로 중요한 영양소이다.

- 털 불량, 피부 건조

(2) 필수 미량광물질(trace mineral) 결핍증

① 철(iron, Fe)

철은 혈색소인 헤모글로빈(hemoglobin)과 근색소인 미오글로빈(myoglobin)의 구성 성분으로 중요한 영양소이다.

- 혈색소감소성 소혈구성 빈혈

② 구리(cupper, Cu)

구리는 적혈구 생성과 철 대사뿐만 아니라 골격 형성과 신경세포의 수초(myelin)을 형성하는 데 관여하는 영양소이다.

- 철 결핍성 빈혈
- 신경증상, 보행실조
- 골형성 부진

③ 아연(zinc, Zn)

아연은 대사 작용에 관여하는 여러 효소계의 성분 또는 보조인자로 관여한다.

- 털 불량, 피부 건조

(3) 초미량 광물질(ultra-trace mineral) 결핍증

① 망간(manganese, Mn)

망간은 연골조직 형성에 관여하고 탄수화물과 지방 대사에 조효소로 작용하는 영양소이다.

- 성장 저하
- 생식 장애(수컷-정소 퇴화, 암컷-배란 이상)

② 코발트(cobalt, Co)

코발트는 비타민 B12의 구성 성분으로 비타민 B12 합성에 중요한 영양소이다.

- 다양한 상태의 빈혈(정상혈구성 정상색소성 빈혈, 거대적아세포성 빈혈, 대적혈구성 빈혈)

③ 요오드(iodine, I)

요오드는 갑상샘호르몬인 thyroxine의 재료로 중요한 영양소이다.

- 갑상샘 종양
- 사산(stillbirth)

④ 셀레늄(selenium, Se)

셀레늄은 비타민 E와 함께 항산화작용에 관여하는 영양소이다.

- 비타민 E 결핍 증상과 유사(식욕 저하; 근육 위축이나 퇴행)

3. 영양소 과잉증

위에서 기술한 것과 같이 일반적으로 영양소 불균형으로 주로 발생하는 질환은 영양소가 결핍된 경우이나, 과잉 공급이 되었을 경우에도 문제가 발생할 수 있다. 일부 비타민과 광물질은 결핍증과 과잉증을 모두 발생될 수 있기 때문에 더욱 균형잡힌 영양소 공급이 필요하다. 특히 지방조직에 축적될 수 있는 비타민과 광물질은 동물 몸 안에서 과잉상태가 누적되기 쉽고 그 효과도 지속적으로 발생할 수 있으므로 주의해야 한다.

1) 비타민 과잉증

(1) 지용성 비타민

① 비타민 A 중독증

비타민 A의 하루 권장량은 미국 국립 연구 회의(National Research Council; NRC)와 미국 사료 관리 협회(Association of American Feed Control Officials; AAFCO)에서 정한 기준을 따랐을 때 50~500배 이상 섭취를 할 경우 영양소 과잉으로 인한 중독증이 발생할 수 있다.

- 임신 중 과다 섭취 시 기형아 발생
- 신경 과민증, 보행 이상

② 비타민 D 중독증

비타민 D 역시 비타민 A와 마찬가지로 미국 국립 연구 회의와 미국 사료 관리 협회에서 정한 기준을 따랐을 때 10배 이상 섭취할 경우 중독증이 발생할 수 있다.

- 골격의 탈석회화(decalcification)
- 연조직의 석회화(calcification)

④ 비타민 E 중독증

비타민 E는 과잉 공급이 되어 중독증이 발생하더라도 중독 증상은 다른 비타민에 비해 덜한 편에 속한다.

- 다른 지용성 비타민(A, D, K)의 흡수 방해
- 셀레늄과 상호작용(비타민 E 과잉 시 셀레늄 결핍 발생)

⑤ 비타민 K 중독증

일반적으로 사료에 포함된 K1과 K2 형태의 비타민 K를 과잉 섭취를 하더라도 일반적으로 알려진 중독 증상은 없는 것으로 알려져 있다. 다만 합성 형태인 K3 경우 과잉 섭취 시 용혈성 빈혈과 간세포 손상이 발생할 수 있다.

- 구토, 황달
- 호흡곤란

(2) 수용성 비타민

수용성 비타민은 과잉 섭취 시 신장 기능에 문제가 없는 건강한 개와 고양이에서는 주로 오줌과 함께 배설되므로 중독증이 발생하지 않는 것이 일반적이다. 다만 일부 수용성 비타민은 과잉에 의한 중독증상이 발생할 수 있다.

① 비타민 B3 중독증

- 간 기능 저하, 지방간
- 피부 가려움증과 발적을 동반한 혈관 확장
- 소화기 장애

② 비타민 B6 중독증

- 신경 장애, 경련, 지각 이상

③ 비타민 B9 중독증

- 비타민 B12 결핍 발생
- 소화기 장애

④ 비타민 C 중독증

- 세포 내 산화 촉진

⑤ 콜린 중독증

- 지속적인 설사 발생

2) 광물질 과잉증

보통 필수 다량광물질에 비해 필수 미량광물질은 과량 섭취 시 중독증이 발생되기 쉽다. 특히 중금속으로 알려진 광물질 경우 한 번 동물 몸 안에 들어오게 되면 축적되어 쉽게 배출이나 배설로 제거가 되지 않기 때문에 주의해야 한다.

(1) 필수 다량광물질 과잉증

① 칼슘 중독증

- 비정상적 골 발달(osteopetrosis)
- 연조직의 석회화
- 다른 광물질(Mg, Fe, Cu, Zn, Mn, I)의 흡수 방해

② 인 중독증

- 골 발달 저해
- 칼슘과 마그네슘의 흡수 저해

③ 나트륨 중독증

- 고혈압
- 골 발달 저해
- 시력 손상, 비틀거림, 신경 장애

④ 마그네슘 중독증

일반적으로 과잉 섭취로 인한 중독증은 발생하지 않는 것으로 알려져 있다.

- 칼슘과 인의 대사 장애

(2) 필수 미량광물질 과잉증

① 구리 중독증

- 용혈성 빈혈, 헤모글로빈혈증, 황달
- 간 기능 저하

② 아연 중독증

- 구리 대사를 방해하여 용혈성 빈혈 유발 가능

③ 망간 중독증

- 다른 광물질 대사 방해: 칼슘과 인의 이용 방해, 철 결핍 발생

④ 코발트 중독증

- 식욕 결핍
- 빈혈

⑤ 요오드 중독증

- 장기간 과잉 시 갑상샘에서 요오드 흡수 감소 발생

⑥ 셀레늄 중독증

사료를 통한 장기간 과잉 상태에서 다양한 증상이 발생할 수 있다.

- 식욕 결핍, 쇠약, 성장 장애
- 신경 장애
- 빈혈, 복수(ascite)
- 폐사

⑦ 불소 중독증

불소를 과잉 섭취할 경우 뼈 안에 불소가 축적되고, 30~40 배 이상 축적될 경우 중독증상이 나타난다.

- 골격 불소증(skeletacl fluorosis): 뼈가 약해지고 부스러지고 관절통 발생
- 반상치(dental fluorosis): 에나멜층이 부식되고 이빨 변색

2절 질환 상태에서 영양학적 관리

1. 특정 질환 상태에서의 영양 공급

질환 상태는 정상적인 생리적 균형, 항상성(homeostasis)이 무너진 상태이다. 따라서 질환 상태를 예방하거나 회복하려면 무너진 항상성을 회복하는 노력이 필요하다. 일부 미생물 감염이나 외상으로 인한 질환, 각종 종양과 같은 외부요인으로 인하여 발생하는 질환을 제외하고 동물의 몸 안에서 일어나는 대사 작용

의 불균형, 대사 과정 중 이상이나 장애로 발생하는 질환게서의 영양 공급은 영양 공급의 균형이 질환을 치료할 수는 없지만 항상성을 회복하는 노력의 일환으로서 중요한 역할을 한다. 다음은 대표적인 특정 질환에서 적절한 영양 공급을 기술하고자 한다.

1) 비만(obesity)

비만은 현대사회에서 사람에서도 그 심각성과 함께 비만인 사람 수도 점차 증가하고 있지만 반려동물에서도 동일하게 심각성과 비만인 반려동물 수가 증가하고 있다. 비만은 에너지 공급과 소모의 불균형이 원인으로 나타난 증상이고 실제 질병은 아니지만, 비만으로 인해 이상지질혈증, 지방간, 동맥경화증 등 실제 질병과 밀접한 관계가 있다.

일반적인 비만을 영양학적으로 관리하는 가장 적절한 방법은 사람과 동일하게 사료로 섭취한 에너지량보다 소모하는 에너지량을 늘리는 방법이다. 이 때 잘못된 관리 방법으로 사료 공급 제한을 통한 에너지 공급량을 줄이는 경우가 있는데 이런 경우 필요한 영양분 공급이 부족하여 오히려 다른 결핍증상을 일으킬 수 있다.

또한 심장질환이나 간질환을 동반한 비만인 경우 다른 기저질환이 없는 상태의 비만에서 관리와 다르게 체중 감량에만 목표를 두고 사료 공급량을 줄일 경우 기저질환이 더 심해질 수도 있기 때문에 주의하여야 한다.

일반적인 체중 감량은 2주 간격으로 이전 체중 기준으로 1% 정도 줄어들도록 사료 공급을 하는 것이다. 아래는 효과적인 체중 관리를 위한 방법으로 적용할 수 있다(German, 2006).

(1) 사료 급여량 제한

보통 반려동물은 자유 급여 방법으로 사료를 급여하는데 자유 급여 중인 반려동물은 체중 관리를 위해서 동물이 하루에 얼마나 사료를 섭취하는지를 확인하는 것이 가장 중요하다. 사료 섭취량은 동물에게 공급되는 에너지양을 구할 수 있는 유일한 자료이다. 가장 편하게 사료 섭취량을 구하는 방법은 사료 급여 때 사료 무게와 사료 섭취 후 남은 사료 무게를 이용하는 것이다.

그리고 매일 측정한 사료 섭취량으로 동물이 하루에 얼마나 에너지를 공급받는지를 측정하여 위의 체중 감량 목표를 위한 에너지 공급량을 현재 공급되는 에너지양의 3/4~4/5 정도로 줄여서 사료 급여 방법을 제한 급여 방법으로 변경하여 사료를 급여한다.

(2) 비만 관리용 처방식으로 변경

사료 급여량 제한은 동물에게 공급되는 에너지양을 줄일 수 있는 확실한 방법이다. 하지만 평소 먹던 사료 양보다 적게 먹게 되면 포만감을 느끼지 못해서 동물은 지속적으로 배고픔을 느끼게 된다. 배고픔을 채우기 위해서 쓰레기통 등을 뒤져서 음식을 먹는 행동을 한다거나 사료가 아닌 똥이나 이물질을 먹는 이식증(pika)을 나타날 수 있다.

비만 관리용 처방식 경우 일반 사료에 비해 동물 몸 안에서 소화되지 않지만 포만감은 줄 수 있는 섬유소 비율이 높은 대신 소화되어 에너지로 사용될 수 있는 영양소인 탄수화물, 단백질, 지질 비율은 낮기 때문에 원래 먹던 사료 급여량만큼 처방식을 급여할 경우 충분히 포만감은 느끼면서 공급되는 에너지양은 줄일 수 있다. 또한 에너지로 대사되는 영양소를 제외한 비타민, 광물질은 반려동물이 필요한 양만큼 공급을 받을 수 있다는 장점이 있다.

그림 10-1 시판 중인 비만 관리용 처방식

(3) 지속적인 관리

이미 비만 상태를 경험한 동물은 체중 감량 목표에 도달했다고 곧바로 체중 관리를 중단할 경우 다시 쉽게 비만 상태로 돌아갈 수 있다. 이를 예방하기 위해서 2주 간격으로 조금씩 사료 급여량을 늘려서 체중이 다시 늘지 않는 급여량을 찾아서 급여하는 방법을 사용할 수 있다.

2) 당뇨(diabetes)

당뇨는 오줌에 포도당이 있는 것을 발견하고 이름이 붙여진 질환으로, 실제는 혈액에 녹아있는 포도당, 즉 혈당이 정상보다 높은 상태를 말한다. 당뇨는 위에서 기술한 비만과 같이 질환 자체보다 당뇨에 의해 발생할 수 있는 다양한 합병증이 더욱 심각한 질환이다. 또한 고혈당 상태와 저혈당 상태 모두 장기부전과 쇼크(shock)를 유발할 수 있으므로 당뇨의 예방과 완화에서 영양학적 관리 방법은 혈당 조절에 초점을 둔다(Behrend, 2018).

(1) 탄수화물 급여 조절

혈당에 가장 큰 영향을 주는 영양소는 탄수화물이므로 일반적으로 혈당 관리를 위해서 탄수화물의 급여량을 조절한다. 특히 고양이 경우 단백질과 지질을 대사하여 포도당을 만들기 때문에 탄수화물이 추가된 사료를 섭취할 경우 혈당이 더 올라가게 된다. 당뇨 환자에서 혈당은 개와 고양이 각각 200mg/dL, 250mg/dL 이하로 관리하는 것을 목표로 한다.

(2) 단백질 급여 조절

당뇨 환자는 탄수화물 급여를 조절할 수밖에 없기 때문에 건강한 상태의 동물보다 탄수화물 대신 단백질을 더 사용한다. 따라서 필요한 에너지양을 충분히 공급하면서 혈당을 조절하기 위해서 충분한 단백질을 사료로 공급하는 것이 필요하다.

(3) 지질 급여 조절

당뇨 환자는 전반적으로 영양소 대사 작용에 문제가 있으므로 에너지 공급을 위해 지질 함량이 높은 사료를 급여할 경우 이상지질혈증, 지방간, 췌장염이 발생할 수 있다.

3) 음식 알레르기(food allergy)

음식 알레르기는 음식 중 특정 물질이 소화과정 중에서 동물의 면역체계와 반응하여 부적절한 면역반응을 일으키는 증상을 말한다. 음식 알레르기를 일으키는 물질의 대부분은 크기가 큰 단백질이나 일부 사료 가공 중에서 발생하는 히스타민 등 알레르기 유발물질이 원인이 될 수 있다. 일반적인 음식 알레르기에 대한 증상은 가려움증이나 구토, 설사 등으로 나타난다.

알레르기 증상이 음식 알레르기인지 정확히 알기 위해서는 실제로 알레르기 검사를 통해서 어떤 물질에 반응하는지 확인하거나, 대부분 알레르기 유발물질이 단백질이라는 점을 착안하여 사료 중 고기의 기원(origin)이 다른 사료로 바꿔

가면서 확인할 수 있다. 아래는 효과적인 음식 알레르기 관리를 위한 방법으로 적용할 수 있다.

(1) 단백질 공급원이 다른 사료로 교체

위에서 기술한 것과 같이 알레르기를 유발하는 대표적인 물질이 단백질이라는 점을 바탕으로 사료의 단백질 공급원을 바꾸는 것을 관리 방법으로 선택할 수 있다. 알레르기 증상이 나타나기 위해서는 알레르기 유발물질(allergen)에 대한 항체가 생겨야 하므로, 아직 경험해 보지 못한 단백질 공급원으로 만든 사료를 먹이는 방법과 항체가 생기지 않는 단백질 공급원으로 만든 사료를 먹이는 방법이 있다.

일반적인 사료의 단백질 공급원으로 쇠고기, 돼지고기, 닭고기를 사용하고 있는데, 사슴고기, 캥거루고기, 칠면조고기 등으로 만든 사료를 먹일 경우 아직 항원-항체 반응이 일어나지 않았기 때문에 알레르기 반응이 일어나지 않을 수 있다. 하지만 이는 일시적인 관리 방법으로 교체한 사료에 있는 단백질 공급원에 대한 항체가 생길 경우 다시 알레르기 반응이 나타날 수 있으므로 장기간 관찰이 필요하다.

(2) 알레르기 관리용 처방식으로 변경

보통 음식 내 단백질에 의해 발생하는 알레르기 경우 사료로 섭취한 단백질이 소장에서 흡수 형태인 아미노산으로 완전히 분해가 되지 않고 크기가 큰 형태로 남아있는 경우 발생한다. 따라서 소장에서 쉽게 소화, 흡수될 수 있도록 크기가 작은 형태로 단백질을 공급하면 알레르기 발생을 줄일 수 있다. 시판 중인 알레르기 관리용 처방식은 이런 원리를 이용하여 단백질을 가수분해한 형태로 가공한다.

그림 10-2 시판 중인 알레르기 관리용 처방식

4) 요 결석(Urinary stones; Uroliths)

요 결석은 신장, 요관, 방광, 요도와 같은 비뇨기계 기관에서 발생할 수 있는 특정 성분이 응축되면서 생성되는 물질이다. 결석을 이루는 성분에 따라서 칼슘 옥살산염(calcium oxalate), 스트루바이트(struvite), 시스틴(cystine), 요산염(urate) 결석을 주로 관찰할 수 있다. 수컷 개와 고양이에서는 칼슘 옥살산염 결석이 주로 발생하고 암컷 개와 고양이에서는 스트루바이트 결석이 주로 발생하는 것으로 알려져 있다.

요 결석은 탈수나 수분 섭취 감소 등으로 오줌이 농축될 경우, 단백질 등 특정 영양소가 과잉 공급될 경우, 그리고 오줌의 산성도(pH)가 산성 또는 알칼리성일 경우에 발생될 확률이 높아진다. 한 번 생성된 결석을 용해시켜 제거하는 것은 어렵고, 시간이 경과하여 결석의 크기가 어느 정도 커져서 통증을 유발하거나 혈뇨 등이 관찰될 때 결석이 생성된 것을 확인할 수가 있기 때문에 평소 결석이 생성되는 것을 예방하는 것이 적절한 관리 방법이 될 수 있다. 아래는 효과적인 요 결석 관리를 위한 방법으로 적용할 수 있다.

(1) 음수 섭취 증가

단백질 등 요 결석을 생성할 수 있는 물질을 동물에 필요한 적절한 양만큼 섭취를 하더라도 탈수나 물을 적게 마심으로서 오줌이 농축될 경우 요 결석이 만들어질 수 있다. 따라서 항상 물을 충분히 마실 수 있게 하주는 것이 제일 좋은 예방 방법이 될 수 있다. 사람과 달리 동물은 의식적으로 물을 더 많이 마시지 않기 때문에 보호자가 물을 더 마실 수 있도록 유도가 필요하다. 특히 고양이는 본래 물을 잘 마시지 않는 특성을 가진 동물이므로 더욱 관심이 필요하다.

(2) 단백질 등 결석 유발 물질의 섭취량 제한

칼슘 옥살산염 결석은 옥살산이 포함된 성분을 많이 섭취하는 경우에 발생할 수 있고, 스트루바이트나 요산염 결석은 단백질 대사 후 발생하는 암모니아나 요산의 농도가 증가할 경우에 발생할 수 있다. 동물의 정상적인 생리학적 기능을 위해 필요한 양의 영양소보다 많은 양이 공급될 경우 결국 대사 과정에 문제를 일으키므로 요 결석을 생성할 수 있다.

(3) 요 결석 관리용 처방식 사료 급여

요 결석 관리용 처방식 사료는 요 결석이 잘 생길 수 있는 원인 중에서 결석 유발 물질의 함량을 조절하고, 오줌의 산성도를 조절하는 기능을 가지고 있다. 일반적으로 칼슘 옥살산염 결석은 오줌의 산성도가 산성일 경우 잘 생기는 것으로 알려져 있기 때문에 알칼리뇨가 될 수 있도록 해주고, 반대로 스트루바이트 결석은 오줌의 산성도가 알칼리성일 경우 잘 생기는 것으로 알려져 있기 때문에 산성뇨가 될 수 있도록 해준다.

앞서 기술한 다른 질환에서 사용하는 처방식 사료도 똑같이 적용되는 주의 사항이지만, 처방식 사료는 반드시 수의사의 진단과 그에 맞는 적절한 처방으로 적용해야 한다. 처방식 사료는 특별한 상황과 특정한 목표에 맞게 일단 사료의 영양성분 함량이나 비율을 조절한 사료이다. 따라서 수의사의 진단과 처방 없이 장

기간 처방식 사료를 임의로 급여할 경우 오히려 영양학적 문제를 일으킬 수 있으므로 주의하여야 한다.

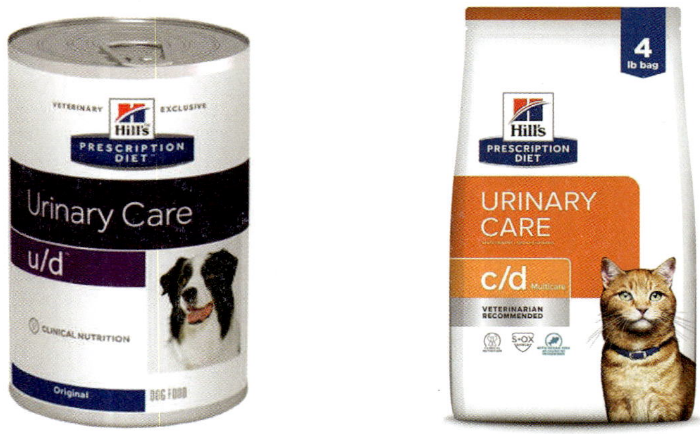

그림 10-3 시판 중인 요 결석 관리용 처방식

5) 소화기계 질환

반려동물에서 소화기계 질환은 가장 흔하게 발생하는 질환이고 대부분은 가벼운 증상으로 자연 회복하는 경우가 많다. 하지만 일부 질환은 적절한 치료가 필요한 심각한 상황일 수 있고 예방과 회복에 특별한 영양학적 관리가 필요할 수 있다. 소화기계 질환에서 다루고자 하는 질환은 위장염(gastritis), 설사(diarrhea), 변비(constipation), 췌장염(pancreatitis)이다.

(1) 위장염

흔히 볼 수 있는 위장염은 급성 위장염(acute gastritis) 형태로, 위장염의 원인은 매우 다양하지만 주된 증상은 구토를 나타낸다. 위장염을 예방하고 치료에 도움을 주는 영양학적 관리방법은 아래와 같다(Ing 외, 2024).

① 일시적인 금식

소화기계 질환에서 가장 먼저 고려할 수 있는 처치는 금식(Non per-oral; NPO)이다. 금식은 위장관에 부담을 덜어줌으로써 자연회복을 할 수 있는 시간을 주는 효과를 가진다. 다만 금식하는 시간이 48시간 이상 될 경우 오히려 회복을 지연시킬 수 있고 특히 고양이는 장시간 영양 공급이 제대로 되지 않을 경우 지방간이 발생할 수 있으므로 주의하여야 한다.

② 충분한 수분 공급

위장염의 주된 증상인 구토는 몸 안에 있는 많은 양의 수분을 일시적으로 몸 밖으로 배출하기 때문에 탈수를 일으킨다. 지속적으로 구토를 할 경우 수분 공급을 수액의 비경구 투여 방법을 사용할 수 있고, 구토를 하지 않고 스스로 물을 마실 수 있는 경우에는 충분한 양의 물을 자유롭게 마실 수 있도록 한다.

③ 구토에 따른 전해질 보충

구토는 위에서 기술한 것과 같이 몸 안에 있는 많은 양의 수분만 몸 밖으로 배출하는 것이 아니라 수분 안에 용해되어 있는 전해질, 즉 광물질도 함께 배출하게 된다. 따라서 일시적인 전해질 불균형(electrolyte imbalance) 상태가 발생하게 된다. 전해질 불균형이 심할 경우 심장마비 등 치명적인 상태로 진행할 수 있기 때문에 반드시 부족한 전해질을 보충하여야 한다.

④ 적절한 영양소 공급

지질은 사료에 포함된 에너지로 변환될 수 있는 영양소 중 가장 소화와 흡수가 어려운 영양소이므로 소화기계 질환이 있을 때 지질 함량이 높은 사료를 섭취할 경우 회복을 어렵게 할 수 있다. 하지만 에너지로 변환될 수 있는 영양소 중 단위 무게당 가장 많은 에너지양을 가지고 있기 때문에 동물에게 필요한 에너지 공급을 하는데 유리한 측면도 있으므로 적절한 양을 공급하는 것이 매우 중요하다.

또한 섬유소는 과도한 위산을 중화하거나 위장관 운동을 조절할 수 있는 기능이 있으므로 충분한 양을 공급하는 것이 소화기계 질환의 예방과 회복에 도움이 된다.

⑤ 소화가 잘되는 사료 급여

앞서 사료에 포함된 지질의 공급과 관련하여 기술한 내용이지만, 섭취한 사료가 소화가 잘되지 않고 위장관 안에서 정체될 경우 증상은 심해지고 회복은 더뎌질 수 있다. 따라서 소화기계 질환 상태의 동물에는 소화가 잘될 수 있도록 딱딱한 형태보다는 유동식이나 습식사료를 급여하거나 물에 불려서 급여하는 등 부드러운 형태로 급여하는 것이 도움이 된다. 또한 소화기계 질환 관리용 처방식은 일반 사료보다 쉽게 소화와 흡수가 되도록 가공되었고 충분한 영양소 공급으로 회복에 도움을 줄 수 있다.

그림 10-4 시판 중인 소화기계 질환 관리용 처방식

(2) 설사

설사는 사람과 동물 모두 일상에서 가장 흔하게 접할 수 있는 것으로, 실제로 설사는 질환은 아니고 장염(enteritis)에서 주로 관찰할 수 있는 증상이다. 증상이 지속되는 시간에 따라 급성 설사와 만성 설사로 구분할 수 있고, 설사의 원인에 따라서 소장성 설사와 대장성 설사로 구분한다. 설사를 여방하고 치료에 도움을 주는 영양학적 관리방법은 위장염의 관리방법과 동일하다.

특히 사료로 공급되는 영양소 중 섬유소는 장 운동을 조절할 뿐만 아니라 장내 세균 등에 의해 생성된 독소를 흡착하여 배출하는 기능을 한다. 또한 설사의 주된 원인인 과도한 양의 수분을 흡수하여 증상을 완화시킨다. 아울러 장 안에서 서식하는 유산균과 같은 유익균에 영양소로 활용된다.

(3) 변비

변비도 설사와 동일하게 질환은 아니고 과도한 수분 흡수나 장 무력증 등으로 인해 흡수되지 않고 남은 사료 성분이 정상적으로 배출이 되지 않고 지연되는 증상이다. 특히 고양이는 개와 비교할 때 사료에 탄수화물 함량이 매우 적거나 없기 때문에 섬유소를 사료로 공급받기 어렵다. 또한 해부학적 특성에 의해 정상적으로 배변이 되지 않을 경우 대장 내에 똥이 쌓여서 결장이 커지는 거대 결장(megacolon)으로 진행될 수 있다. 변비를 예방하고 치료에 도움을 주는 영양학적 관리방법은 위장염과 설사의 관리방법과 유사하다.

① 충분한 수분 공급

변비의 원인인 과도한 수분 흡수는 몸 전체적으로 수분이 부족한 상태일 경우 자주 일어날 수 있으므로 항상 충분한 양의 수분이 공급되는 것이 중요하다. 변비 증상이 있는 동물은 건조사료보다 수분함량이 훨씬 높은 습식사료를 급여하는 것이 도움이 되고, 건조사료를 물에 불려서 줌으로써 사료와 함께 물을 섭취할 수 있게 하는 방법도 적절하다.

② 섬유소와 프로바이오틱스, 프리바이오틱스 공급

앞서 기술한 내용이지만 고양이 사료에는 탄수화물 함량이 매우 적거나 없으므로 변비 증상이 있는 동물은 섬유소를 추가로 공급하여 변비 증상을 완화할 수 있다. 섬유소는 물을 많이 함유할 수 있기 때문에 섬유소가 흡수한 수분에 의해 딱딱한 똥을 부드럽게 만들어 배변을 쉽게 해줄 수 있다. 또한 똥의 부피를 증가시켜서 빨리 배출될 수 있도록 해준다.

프로바이오틱스(probiotics)는 유산균과 같은 사람과 동물에게 유익한 효과를 주는 세균을 총칭하는 단어이다. 프로바이오틱스는 여러 가지 유익한 효과가 있지만 변비 증상을 예방하고 완화시키는 효과는 장운동 촉진과 장내 정상세균총(normal flora)의 평형 유지이다.

프리바이오틱스(prebiotics)는 앞서 언급한 프로바이오틱스의 영양소라고 생각하면 이해하기가 쉽다. 보통 프로바이오틱스는 활용할 수 있지만 동물은 활용할 수 없는 영양소이고 프로바이오틱스의 성장과 증식을 도움으로써 장내 정상세균총의 평형 유지에 도움을 준다.

③ 소화가 잘되고 사료 급여

변비는 똥이 정상적으로 몸 밖으로 배출이 되지 않고 대장에서 정체되는 증상이므로 최대한 똥이 적게 만들어질 수 있도록 소화와 흡수가 잘 되는 사료를 급여하는 것이 필요하다. 특히 거대결장이 있는 고양이 경우 위에서 기술한 것과 같이 섬유소가 많은 사료를 급이할 경우 오히려 똥이 더 많이 쌓이는 결과를 가져오므로 주의하여야 한다.

똥을 적게 만들기 위해 사료 급여량은 줄이면서 충분한 에너지양을 공급하고 대장에서 똥이 쉽게 배출될 수 있도록 윤활작용을 위하여 지질 함량이 높은 사료를 급여가 도움이 된다.

(4) 췌장염

췌장염은 사람과 달리 오히려 동물에서 더 자주 발생하는 것으로 알려져 있다. 췌장염도 발병 기간에 따라 급성 췌장염(acute pancreatitis)와 만성 췌장염(chronic pacreatitis)으로 구분하고 급성 췌장염 경우 적절한 치료를 하지 않을 경우 폐사할 수도 있다.

췌장염의 원인은 아직 정확히 밝혀지지 않았지만 단백질과 지질 대사와 관련이 있는 것으로 알려져 있기 때문에 췌장염을 예방하고 치료에 도움이 되는 영양학적 관리 방법은 단백질과 지질의 공급을 조절하는 것이다.

췌장은 호르몬을 분비하는 내분비기관일 뿐만 아니라 탄수화물, 단백질, 지질을 소화하는 데 필요한 모든 소화효소를 분비하는 외분비 기관이다. 단백질과 지질은 췌장을 자극하여 소화효소를 분비하게 하므로 아래와 표와 같이 췌장염 환자에서 지질 공급은 제한하고 단백질 공급은 조절하는 것이 일반적인 선택이다.

표 10-1 췌장염 상태의 개와 고양이에 대한 사료 내 단백질과 지질 함량

	개	고양이
단백질 함량	15~30%	30~40%
지질 함량	15%	25%

6) 비뇨기계 질환

반려동물에서 비뇨기계의 대표적인 질환은 신부전(renal failure)이고, 신장의 특성상 이상 증상이 나타나는 것은 신장 기능의 대부분이 소실되는 만성 신부전(chronic renal failure) 상태이다. 또한 한 번 손상된 신장은 회복이 되지 않기 때문에 비뇨기계 질환 중 신부전의 예방과 관리는 더 이상 손상이 일어나지 않도록 하는 것에 초점을 둔다(Polzin 외, 1989).

(1) 요소 생성과 배출 조절

요소(urea)는 사료로 섭취한 단백질이 아미노산(amino acid)로 소화, 흡수되고, 아미노산이 몸 안에서 대사될 때 생성되는 질소부산물인 암모니아(ammonia)의

변형된 형태이다. 암모니아는 독성이 매우 강한 물질이므로 이를 간에서 요소회로(urea cycle)을 통해 독성이 약한 요소로 변환된다. 신장은 혈액에 녹아있는 요소를 걸러내어 오줌으로 배출된다.

따라서 요소가 적게 생성되도록 조절하기 위해서는 사료에 포함된 전체 단백질 함량을 줄이되 필수 아미노산은 충분히 공급되도록 해야 한다. 또한 장내 정상세균총은 요소를 성장과 증식에 이용하고 똥으로 배출시키는 기능을 하므로 프로바이오틱스와 프리바이오틱스를 공급하는 것은 요소 배출에 도움이 된다.

(2) 수분과 전해질 보충

급성 신부전 환자에서는 일시적으로 무뇨(anuria) 또는 핍뇨(oliguria)가 발생하지만 만성 신부전 환자에서는 신장의 여과 기능이 소실되면서 다뇨(polyuria)가 나타난다. 신장은 여과 기능뿐만 아니라 몸에서 필요한 전해질을 재흡수하는 기능도 있는데 만성 신부전 상태에서는 재흡수 기능도 소실되어 전해질 불균형이 발생할 수 있으므로 적절한 수분과 전해질 보충이 필요하다.

특히 나트륨과 염소 배출이 감소되어 고나트륨혈증과 고염소혈증이 발생할 수 있고, 칼륨은 배출이 증가되거나 감소하여 저칼륨혈증 또는 고칼륨혈증이 발생할 수 있다.

7) 간질환

간은 몸 안에서 일어나는 모든 대사에 관여하는 중요한 장기이다. 특히 사료로 섭취한 영양소 대사와 밀접한 장기이므로 더욱 영양학적 관리가 중요하다.

(1) 고양이 지방간(feline hepatic lipidosis)

지방간은 고양이의 대표적인 간 질환으로 장기간 영양소 공급이 되지 않으면 간에서 단백질을 지질로 변환하여 저장하는 고양이의 정상적인 생리적 특성 때문이다. 따라서 지방간 발생을 예방하기 위해서는 고양이가 매일 규칙적으로 사료를 섭취하는지, 충분한 에너지양을 공급할 수 있는 적절하게 섭취하는지를 확인하는 것이 중요하다. 고양이 지방간을 예방하고 완화에 도움을 주는 영양학적 관리방법은 아래와 같다(Biourge 외, 1991).

① 충분한 영양소 공급

영양소 과잉이나 알코올에 의한 지방간이 아닌 고양이 지방간 경우 영양소의 적절한 공급이 일어나지 않을 때 발생하는 질환이므로 가장 적절한 예방 방법은 충분한 영양소의 공급이다. 특히 단백질과 지질을 충분히 공급하여 필요한 에너지양만큼 충족시킬 수 있도록 하고 단백질이 지질로 변환되어 소모된 만큼 보충될 수 있도록 한다.

② 간세포 내 지방 대사 촉진

지방간은 간세포에 지질이 축적되는 질환으로 이미 간세포 안에 축적된 지질이 분해되도록 하는 것이 증상 완화에 도움을 준다. L-카르니틴(L-carnitine)은 지방 대사를 촉진한다고 알려져 있으므로 사료 공급 시 추가로 공급하는 것이 도움이 된다.

(2) 간부전(liver failure)

간은 자체 회복 능력이 뛰어난 장기로 알려져 있으나 회복 능력을 벗어난 간세포 손상은 더 이상 정상적인 기능을 수행할 수 없는 상태인 간부전이 된다. 간은 탄수화물, 단백질, 지질을 대사하는 중요한 장기이므로 간부전 예방과 완화를 위해 더욱 영양학적 관리가 중요하다.

위에서 이미 언급한 내용이지만 간세포에서 단백질 대사에서 발생한 암모니아를 요소로 변환하는데, 간부전 상태에서는 요소로 변환하는 능력이 떨어져 고암모니아혈증을 일으킨다. 높은 농도의 암모니아는 간성뇌증(hepatic encephalopathy)이라고 부르는 뇌세포 손상이 발생하므로 사료로 섭취하는 단백질 함량을 조절해야 한다.

또한 지질을 소화, 흡수하는데 췌장에서 만들어지는 소화효소인 리파아제(lipase)뿐만 아니라 간에서 만들어지고 쓸개에 저장되었다가 분비되는 쓸개즙(bile)이 필요하다. 간부전 상태에서는 쓸개즙이 충분히 생산되지 않기 때문에 지질을 소화하고 흡수하는데 어려움이 발생하므로 지질 함량도 조절해야 한다.

8) 순환기계 질환

반려동물의 순환기계 질환에서 대표적인 질환이 심장질환이고, 개는 심장 판막 질환과 비대성 심근병증, 고양이는 확장성 심근병증을 들 수 있다. 심장의 생리학적 특성상 신장과 동일하게 한 번 손상되면 회복이 되지 않기 때문에 최대한 질환이 진행되는 것을 막고 증상을 완화하는 것을 관리의 목표로 둔다. 또한 심장질환은 보통 신장질환과 밀접하게 연계되어 있으므로 심장질환을 관리할 때는 신장질환도 같이 관리하는 것이 일반적이다(Walker 외, 2022).

(1) 타우린 공급

아직 정확하게 타우린과 확장성 심근병증과 관계는 밝혀지지 않았지만 타우린 결핍이 확장성 심근병증을 유발할 수 있는 것으로 알려져 있다. 따라서 고양이의 필수 아미노산에 타우린이 포함되어 있고 확장성 심근병증을 예방하기 위하여 사료에 타우린을 첨가하고 있다. 또한 일부 개 품종(골든 리트리버, 래브라도 리트리버, 달마시안, 잉글리시 불독, 아메리칸 코커스패니얼)에서도 타우린 결핍으로 심근병증이 발생하는 것으로 알려져 있으므로 해당 품종을 기르는 보호자는 타우린 공급에 유의하여야 한다.

(2) 나트륨 함량 제한

과량의 나트륨은 고혈압 상태를 유발하여 심장의 혈액 박출에 부담을 줄 수 있으므로 심장질환이 있는 경우 나트륨 함량을 제한하는 것이 질환의 진행을 막을 수 있다. 특히 심장 판막 질환이 있는 경우 혈액 박출의 영향으로 신장에 공급되는 혈액이 줄어들어 결과적으로 몸 밖으로 과잉의 나트륨을 배출하는 능력이 떨어지므로 사료로 공급되는 나트륨 함량을 주의하여야 한다.

11장 반려동물이 먹으면 안되는 음식

학습목표

1. 반려동물에게 해로운 음식을 알 수 있다.
2. 반려동물이 해로운 음식을 먹었을 때 나타나는 증상을 알 수 있다.
3. 보호자에게 반려동물에게 해로운 음식과 증상, 그리고 조치 방법을 설명할 수 있다.

1절 반려동물에게 해로운 음식

우리와 함께 생활하는 반려동물에게 우리가 먹는 음식을 준다면, 좋은 음식도 있을 수 있으나, 일부는 오히려 독성이 있는 음식도 있다.

매년 동물병원에는 중독환자가 오는데, 이중의 대다수는 일반 가정에서 사람들이 먹던 음식을 잘못 먹어서 생긴 피해가 상당 부분 차지하고 있다고 한다.

따라서 본 장에서는 반려동물이 피해야 할 음식에 대한 정보를 알아봄으로써 가족인 반려동물을 안전하게 지키고, 무지에 의해 발생하는 사고를 줄이도록 하고자 한다.

반려동물은 스스로 해로운 음식과 이로운 음식을 구분하지 못하기 때문에 보호자로서 어떤 음식을 피해야 하고, 어떤 것을 공급해야 할지 잘 알아두어야 한다.

초보 보호자들은 특히 식사 시간이나 간식시간에 반려동물이 옆에서 간절한 눈빛으로 달라고 하여 고민하게 되는 경험을 많이 했을 것이다. 이때 마음이 약해져서 강아지에게 음식을 주는 보호자도 적지 않다. 그러나 사람의 기준으로 좋다는 음식을 반려동물에게 공급하면 오히려 독이 되고 탈이 나는 경우가 많다.

아래의 음식 리스트는 섭취한 양에 따라서 독성이 더욱 강하게 나타날 수 있기 때문에, 가급적 갑작스럽게 다량 섭취하지 않도록 해야 하며, 만일 먹게 되었다면 바로 수의사의 진료를 받아야 한다.

아래와 같은 리스트를 미리 숙지하여, 반려동물이 잘못해서 먹지 않도록 하며, 가급적 반려동물 근처에 두지 않도록 주의해야 한다.

1. 과일 및 견과류

1) 포도, 건포도

포도는 항암효과가 있으며, 인간에게는 건강한 음식이지만 반려동물에게는 독이 된다는 사실을 잊어서는 안 된다. 포도와 건포도의 타르타르산이 반려동물에서는 독성 성분으로 작용한다. 개와 고양이는 타르타르산을 배출할 수 없기 때문에 포도는 반려동물의 신장을 손상시켜서 급성 신부전을 유발할 수 있다. 심할 경우 콩팥 기능이 회복되지 못할 수도 있다. 포도알뿐만 아니라 포도 껍질, 건포도, 포도가 주 성분인 음료 등을 모두 피해야 한다.

최근, 포도와 건포도를 섭취하여 중독증이 발생되었다고 보고되었다. 소량의 포도나 건포도를 섭취한 후, 몇몇 개들은 48시간 이내에 급성신부전의 임상증상을 나타내었다. 급성 신부전 증상을 보인 네 마리 개는 체중 kg당 0.41에서 1.1온스의 포도나 건포도를 섭취했다.

포도나 건포도를 섭취한 모든 개에서 급성신부전 증상을 보인 것은 아니다. 포도나 건포도를 섭취한 132마리의 개중 33%만이 급성신부전 증상을 보였고 25%는 아무런 증상도 없었다. 포도나 건포도 섭취와 관련된 급성 신부전의 원인은 밝혀지지 않았지만 오크라톡신(ochratoxin)이 독성성분이라 추정되고 있다. 일반적으로 혈청칼슘이 증가하는데, 93%의 개에서 발견되었다. 포도나 건포도를 섭취하여 급성 신부전이 발생한 40마리의 개중 42%는 집중치료에도 불구하고 사망했다. 생존한 개들의 경우에는 집중치료와 몇 주간의 입원 치료가 필요했다. 대량, 혹은 소량이라도 포도나 건포도를 섭취한 것으로 의심되는 개에게는 구토유발, 위세척, 활성탄(activated charcoal)의 투여를 포함한 적극적인 치료가 권고된다.

2) 복숭아, 살구, 자두 등의 씨,

복숭아와 살구, 자두는 새콤한 맛으로 인해 특히 강아지들이 잘 삼키는 경우가 있다. 이러한 경우 씨가 소화관을 막아 문제가 될 수 있다.

3) 감

감은 변비를 유발한다.

4) 사과씨, 매실, 체리 및 대부분 과일의 씨

사과와 같은 과일, 매실, 체리 등 개가 삼키기 쉬운 정도의 크기를 가진 씨앗은 그 자체로 삼켰을 때 위장관에 염증을 유발시키고, 식도나 장을 막는 소화기관의 문제를 일으킬 수 있다. 또한 씨앗을 씹으면 시안화물(Cyanide)이 방출되며, 이 시안화물은 체내에서 산소를 이용할 수 없게 하므로, 적혈구가 산소를 세포로 제대로 운반하지 못하여, 강아지가 산소 부족에 의한 구토, 발작, 혼수상태, 빠른심박동, 호흡곤란을 일으킬 수 있고, 심한 경우 사망에 이를 수도 있다. 따라서 사과를 줄 경우는 반드시 사과 속과 씨앗을 제거하고 주는 것이 좋다.

5) 아보카도

반려견에게 해를 입힐 수 있는 것은 아보카도의 과육부분이 아니라 씨앗과 껍질, 잎 부분이다. 아보카도의 씨앗과 껍질, 잎 부분에는 퍼신(persin)이라는 성분이 들어 있어, 강아지 설사와 구토를 일으킬 수 있다. 아보카도의 지방 성분이 소화불량, 구토, 췌장염을 유발할 수 있다는 보고도 있다. 또한 아보카도의 섭취로 인해 폐의 수종으로 호흡곤란과 산소부족으로 인한 사망으로 이어졌다는 보고도 있다.

6) 마카다미아 너트

마카다미아 독성에 대한 정확한 원인은 아직 밝혀지지 않았으나, 마카다미아를 생으로 먹거나 익혀서 먹거나 상관없이, 섭취한 개들에서는 소화기계, 신경계, 근육에 알려지지 않은 중독증이 나타난다. 마카다미다를 섭취한 강아지는 12시간 이내에 구토·허약·고열·보행실조·떨림이 나타날 수 있다. 또한 마카다미아 너트는 고지방을 함유해 췌장염의 원인이 되기도 한다.

마카다미아 너트의 섭취에 의한 중독증은 양에 따라 다르겠으나, 일반적으로 48시간 이내로 다시 회복한다고 한다.

2절 기본 요리 재료들

1. 동물의 간

동물의 간에는 지용성 비타민인 비타민 A가 다량 함유되어 있다. 따라서 비타민A의 과량 섭취에 따른 중독증이 발생 할 수 있다.

2. 날달걀

아비딘(avidin)이라는 효소가 있어 비타민 B의 흡수를 방해하고, 피부와 피모의 문제를 유발한다. 또한 살모넬라나 대장균 등 세균에 오염된 날달걀을 섭취하였을 때에 식중독의 원인이 되며, 흰자는 소화불량의 원인이 되며 비오틴을 파괴할 수 있다.

3. 날생선 / 날고기

날생선은 식욕을 떨어뜨리거나 발작을 일으킬 수 있고 몇몇 경우 날생선에 포함된 기생충이 감염될 수도 있어 권장하지 않는다. 또한 등푸른생선을 알레르기를 유발할 수 있다.

날고기 역시 해로울 수 있다. 가끔 날고기에서 발견되는 살모넬라나 대장균은 사람뿐만 아니라 반려동물에게도 해로울 수 있으므로 주의해야 한다.

4. 감자의 싹, 토마토

감자의 싹은 솔라닌(Solaniine) 중독을 유발하며, 특유의 성분에 의해 중독성으로 소화기, 신경계, 비뇨기 등에 영향을 줄 수 있다. 덜 익은 녹색 토마토에도 솔라닌이 있다. 또한 토마토 줄기와 잎에도 솔라닌이 있으므로 섭취하지 않도록 주의해야 한다. 토마토에 들어 있는 아트로핀 성분은 개의 부정맥을 유발할 수 있고, 토마토의 다른 성분으로 인해 호흡곤란·구토·설사·변비 증상이 나타나는데, 심할 경우 사망할 수 있다.

5. 오징어와 같은 건어물

오징어와 같은 건어물은 냄새로 인해 강아지가 좋아할 수 있으나, 잘 소화되지 않고, 큰 덩어리를 잘못 먹었을 경우에는 장 내에 정체되어 부패될 수가 있어, 권장하지 않는다.

6. 양파, 마늘(날 것, 익힌 것, 분말 모두)

양파, 마늘은 황산화물과 이황화물을 함유하고 있으므로 날것, 익힌 것, 분말을 모두 포함하여 적혈구를 손상시키고 빈혈을 일으킨다. 따라서 반려동물이 양파를 먹으면 소변 색이 짙은 갈색이 되고, 빈혈이 생기면서 증상이 나타날 수 있다. 건조된 양파, 조리된 양파, 쪽파, 양파를 우려낸 국물 모두 위험하다. 소량의 양파라도 지속해서 먹으면 개와 고양이에게 치명적인 영향을 미칠 수 있다.

한국요리에는 특히 양파와 마늘이 많이 사용되기 때문에, 사람이 먹는 음식을 주게 되면 그 양에 따라서 반려동물에서는 독으로 작용할 수가 있다. 심지어 이유식에도 양파와 마늘이 들어가므로, 철저히 확인하며, 재료를 고온에 익히거나 가루로 내거나 즙으로 사용하는 여부에 상관없이 마늘과 양파를 반려견이 먹을 경우 적혈구가 손상된다는 것을 알아두어야 한다.

양파와 마늘뿐만 아니라 이와 유사한 부추와 대파 같은 알리움(Allium)과에 속하는 식물들은 모두 강아지와 고양이에게 치명적인 빈혈을 일으킬 수 있다.

양파는 n−propyl disulfide를 함유하고 있으며, 섭취되었을 때 이것이 적혈구의 지질막을 손상시킨다. 적혈구 지질막의 손상은 혈색소(헤모글로빈)의 비가역적인 변성을 초래하고 적혈구 안에 하인츠 소체(heinz body)가 만들어진다. 적혈구가 파괴되어 하인츠 소체 빈혈(Heinz body anemia)이 초래된다. 개와 고양이는 하인츠 소체 빈혈에 걸리기 쉬우며 체중당 5~10g의 양파/kg의 적은 양의 섭취도 빈혈을 초래할 수 있다. 한 연구에 따르면, 매일 체중 kg당 30g의 양파를 3일 동안 먹인 모든 개에서 심각한 빈혈이 나타났었다. 고양이에서도 하인츠 소체 빈혈이 발생할 수 있다. 마늘도 양파과에 속하며 개에서는 만성적인 섭취는 빈혈과 피부염을 일으킨다. 반려동물에게는 양파와 마늘을 급여하는 것을 제한해야 한다.

7. 버섯

버섯은 반려견의 신장과 간 기능 부전, 구토, 설사, 환각, 적혈구 손상을 일으킬 수 있는 다양한 독소를 함유하고 있다. 따라서 될 수 있으면 반려견에게 버섯을 주지 않도록 한다.

8. 브로콜리

브로콜리는 이소티오시안산염(Isothiocyanates)을 함유하고 있으며, 이는 일반적으로 반려동물에 해로운 성분이다. 소량의 브로콜리는 문제를 일으키지 않을 수도 있으나, 과량 섭취 시 독성을 유발시키므로 가급적 ㅍ하는 것이 좋다.

3절 사람이 마시는 음료/ 간식류

반려견에게는 기본적으로 음료수보다는 항상 깨끗한 물을 주는 것이 좋다. 간식 역시 너무 자주 주는 것은 건강상 권장되지 않는다. 아래는 반려동물에게 주면 안 되는 음료나 간식류의 리스트이다.

1. 우유 및 유제품

반려견은 성견으로 자라면서 우유나 유제품의 락토오스를 분해하는 효소인 락타아제의 양이 부족하기 때문에, 우유나 기타 유제품의 소화 능력이 저하된다. 따라서 우유, 크림 또는 치즈를 먹을 경우 구토, 설사, 소화불량 같은 유당 불내증이 나타날 수 있다. 또한 일부 개들의 경우, 유제품에 대한 알레르기가 나타날 수도 있다.

아이스크림은 유당, 높은 당 함량, 높은 지방 때문에 반려견에게 좋지 않다. 시원한 것을 주고 싶다면, 아이스크림보다는 건강한 과일을 얼려서 주는 것을 시도하는 것이 좋다.

치즈는 고지방일 경우 문제가 될 수 있으므로 저지방 치즈를 선택하는 것이 좋다.

2. 단맛이 나는 주스

설탕이 많이 포함된 주스는 과다 섭취 시 치아 손상과 비만의 원인이 되며, 때로는 암을 유발 시킬 수도 있다. 자일리톨과 같은 인공 감미료가 포함된 경우, 개에서 혈당의 급격한 감소와 간 기능 장애를 야기할 수 있다.

3. 알코올 음료

반려동물은 사람보다 크기가 작기 때문에 알코올에 의해 치명적인 영향을 받을 수 있다. 사람들은 알코올 음료를 마시고 기분이 좋아질 수 있으나, 동물에게는 절대로 알코올 음식을 주어서는 안된다. 특히 개에게 알코올을 줄 경우, 인간과 달리 개의 신장은 알코올을 효과적으로 처리하지 못하 소량을 공급해도 많이 취하게 되거나 운동실조, 저체온증, 구토, 설사, 호흡곤란, 간부전, 혼수상태에 빠지거나, 심한 경우 사망에 이를 수 있다. 맥주에 들어있는 홉 성분도 반려견에게는 위험하다. 알코올은 소량일지라도 심장 부정맥 등의 중독증상으로 이어질 수 있기 때문에 각별히 주의해야 한다.

4. 커피, 차, 코코아 등 카페인 음료

카페인은 메틸잔틴(Methylxanthines)의 일종이다. 이 성분은 반려견에서 치명적인 설사, 구토, 발작, 불규칙한 심장 박동을 유발할 수 있다.

개는 카페인에 더 예민하기 때문에 소량만 섭취해도 과민 반응을 일으키거나 몸이 떨리고, 발작, 부정맥, 호흡곤란으로 이어질 수 있다. 또한 카페인은 과도한 이뇨제 역할을 하며 개의 체내에서 심장과 신경계에 중독을 일으킬 수 있으므로 주의하도록 한다.

5. 단맛이 많이 나는 케이크류

설탕이 많이 함유된 케이크류는 치아 손상과 비만의 원인이 된다.

6. 자일리톨과 같은 인공감미료가 들어간 음료나 간식

최근 자일리톨과 관련된 반려동물의 중독 사례가 증가하고 있다. 자일리톨은 소량일지라도 반려동물에게 상당한 악영향을 끼치는 성분으로 잘 알려져 있다. 사람의 치아 건강과 충치 예방에 좋다고 알려져 있기 때문에 강아지의 치아 건강을 위해서도 좋지 않을까 생각하는 사람들이 있으나, 개나 고양이가 자일리톨을 먹게 되면 소량을 섭취하더라도 혈액으로 빠르게 흡수되어 췌장에서 인슐린이 다량 방출된다.

방출된 인슐린은 혈당을 빠르게 떨어뜨려서 이에 따라 저혈당·무기력·구토가 발생하게 된다. 심한 경우 발작 또는 간부전이 발생하고 사망에 이를 수 있다. 자일리톨에 대한 독성은 섭취 한 시간 이내에 발생한다고 알려져 있다.

최근 다이어트 등을 이유로 인공감미료를 지나치게 많이 섭취하면 복부 팽만, 부글거림, 설사가 발생하였다는 보고도 있으나, 개나 고양이에서는 설사 정도가 아니라 생명을 위협하는 독이 될 수 있음을 알아야 한다. 자일리톨을 함유한 제품은 반려견의 눈에 띄지 않도록 주의하며, 반려동물이 자칫 잘못해서 먹는 일이 없도록 각별히 조심해야 한다.

7. 초콜릿

초콜릿이 반려동물에게 매우 유독하다는 것은 잘 알려진 사실이다. 실제로 미국에서는 초콜릿 중독이 반려동물 중독의 가장 흔한 원인 중 하나라고 한다. 개와 고양이는 사람처럼 초콜릿의 성분을 대사시키지 못하기 때문에 초콜릿에 대한 독성이 나타난다. 초콜릿에는 카페인과 마찬가지로 메틸잔틴(Methylxanthines)계통인 테오브로민(theobromine)이 함유되어 있다. 다크 초콜릿과 베이킹 초콜릿은 테오브로민 함량이 특히 많아 개에게 훨씬 더 위험하다.

심지어 일부 무설탕 초콜릿은 강아지에게 독성이 있는 자일리톨을 함유한 것도 있다. 먹은 양에 따라 위장 장애, 심장 문제, 발작이 생기거나 심지어 죽을 수도 있다.

초콜릿의 카페인 성분은 개의 신경계를 흥분시켜 발작을 일으키고, 혼수상태에 이르게 할 수 있다. 초콜릿을 먹자마자 증상이 나타나지 않을 수도 있지만, 24시간 이내에 죽음으로 이어질 수 있을 만큼 위험하다. 특히 초콜릿의 카카오 함량이 높을수록 위험성이 크다. 초콜릿과 마찬가지로 카페인이 함유된 커피도 마시면 안 된다.

초콜릿에 있는 테오브로민이라는 성분은 개에서는 독성을 일으켜서, 구토, 설사, 고열, 호흡곤란, 빠른 심박수, 발작과 같은 임상증상을 일으키고 과량 섭취 시 사망에 이를 수 있다.

개는 테오브로민을 신속하게 대사하지 못하기 때문에 소량의 테오브로민에도 매우 민감하게 반응을 한다. 사람에서의 테오브로민의 반감기는 6시간인 반면에, 개에서는 17.5시간이다.

개에서는 극소량의 테오브로민에도 치명적일 수 있으며, 체중 kg당 100mg의 테오브로민은 중독용량일 수 있다. 28.3g의 베이킹 초콜릿은 대략 346mg의 테오브로민을 함유하고 있다. 코코아 가루는 더 높은 용량의 테오브로민을 함유하고 있다. 조금 달달한 초콜릿과 밀크초콜릿은 테오브로민으 함량이 더 낮다. 8온스(약 227g)의 조금 달콤한 초콜릿을 중형견이 먹는다면 치명적일 수 있다. 1~1.5파운드(약 450~680g)의 밀크초콜릿은 11.3kg의 개에게 치명적일 수 있다.

테오브로민 중독의 임상증상은 구토, 설사, 안절부절, 근육떨림, 요실금이며, 치료는 특별한 해독제가 없기 때문에 구토 등 임상증상을 줄이는 대증요법이다.

종합적으로 초콜릿 섭취와 관련된 증상으로는 과잉행동, 구토, 설사, 비정상적인 심장 박동, 발작이 등이 있다. 만약 반려견이 초콜릿을 많이 섭취한 것을 알게 되었다면, 어떤 초콜릿이든 아무리 작은 양이라도, 즉시 수의사에게 연락하는 것이 좋다.

8. 소금 / 짠맛의 과자

소금의 과다 섭취 시 세포 내 전해질 불균형이 발생하며, 땀 배출이 적어져서 배출 장애로 인한 심장 비대나 신부전이 초래된다. 과도한 양을 섭취하였을 때 떨림, 발작, 혼수상태를 유발할 수 있다. 따라서 감자칩, 프렛즐, 소금 팝콘과 같은 소금이 많은 간식을 반려동물에게 먹이지 않도록 권장한다.

4절 기타 주의할 음식

1. 기름기 많은 부위(튀김류, 족발, 돼지고기 기름 등)

고지방 식품은 반려견의 소화불량을 일으키며, 사람과 마찬가지로 튀김이나 기름진 음식을 자주 섭취하면 비만 및 관련 건강 문제가 생길 수 있다.

기름에 튀긴 음식은 사람들에게는 맛있는 요리가 될 수 있겠으나, 개에게는 췌장염을 일으키는 원인이 되는 음식이므로 각별히 유의해야 한다. 또한 기름기가 많은 음식은 대장염의 원인(구토, 혈변)이 될 수도 있어, 주의해야 한다.

또한 고기의 비계나 지방이 많은 부위, 그리고 닭고기나 칠면조 껍질과 같은 지방이 많은 음식은 반려동물에게 주지 않는 것이 좋다. 이 식품들은 고지방을 함유하고 있어 노령견이나 비만견에서는 급성 췌장염을 유발할 수 있다.

2. 고양이용 음식을 개에게 주거나 개용 음식을 고양이에게 주는 경우

고양이용 음식에는 대부분 매우 높은 단백질과 지방이 있다. 따라서 단백질과 지방의 함량이 높은 음식을 주의해야 하는 개들의 경우, 고양이 음식을 계속 주게 되면 건강의 문제가 발생할 수 있다. 마찬가지로, 개 사료는 고양이에게 독성이 없지만 고양이는 개와는 다른 영양소가 필요하다. 고양이 사료에는 비타민 A, 타우린, 아라키돈산 및 단백질이 많이 들어 있어야 하며 개 사료에는 이러한 영양소가 훨씬 낮게 들어가 있다. 개는 비타민 A와 단백질 수치가 낮아도 생존할 수 있지만 고양이는 그렇지 않다. 개는 타우린과 아라키돈산도 생성할 수 있지만 고양이는 사료에 이러한 영양소가 있어야 한다. 타우린이 충분하지 않으면 고양이는 심장병, 시력 및 치과 문제가 발생할 수 있다.

3. 아기용(사람) 음식

개에게 중독을 일으키는 양파분말이 들어있을 수 있고, 아기용 음식을 큰 개에게 계속 급여 할 경우, 영양부족을 일으킬 수 있다.

4. 곰팡이, 상한 음식, 쓰레기

일부러 상한 음식이나 쓰레기를 급여할 리는 없겠으나, 잘못하여 상한 음식이나 쓰레기를 섭취하는 경우에는 세균에 의한 여러 독성물질이나 설사와 구토를 일으키는 성분으로 인해 소화기계의 문제가 생길 수 있다.

5. 조류의 뼈, 다른 고기의 뼈

야생의 동물들은 조류의 뼈 등을 자유로이 섭취할 수 있겠으나, 가정에서 키우는 개의 경우에는 닭튀김이나 닭고기를 먹고 난 뼈를 잘못 급여하여 응급으로 병원에 실려 오는 케이스가 종종 있다. 이와 같이 생선이나 조류의 뼈, 다른 고기의 뼛조각들은 특히 소형견에서 장폐색을 일으킬 수 있으며, 소화기관이 찢길 수가 있다.

특히 국내에서는 반려인들이 치킨을 먹는 경우 옆에서 뼈를 강아지가 먹고 심한 소화불량이나 구토를 일으킨 케이스가 많이 있다. 섭취한 뼈가 장을 막거나 내장 기관을 손상시킬 수 있으며 이는 치명적인 복부 감염으로 이어질 수 있으므로, 절대로 뼈를 주지 않도록 한다.

6. 철 성분이 많이 들어있는 사람의 비타민

사람이 먹는 비타민을 개에게 급여하였을 때, 일부 성분의 함량이 사람체내에서 요구하는 부분과 달라 문제가 될 수 있다. 특히 철 성분이 많이 함유된 인체용 비타민을 개에게 급여하면, 소화기에 손상을 주고, 간과 신장에 중독증상을 유발한다.

많은 보호자들이 "이런 것을 먹여도 되나요? 이것은 먹일 수 없나요?" 하는 질문이 많으므로, 〈표 11-1〉에 America kennel club에서 정리한 개들이 먹을 수 있는 음식과 먹을 수 없는 음식의 표를 참고하도록 한다.

표 11-1 보호자들이 자주 물어보는 질문에 대한 정리표

먹을 수 있나요? **아니요!**	먹을 수 있나요? **네! 그러나 주의하세요.**
아몬드: 개는 아몬드를 먹어서는 안 된다 . 아몬드는 마카다미아 너트처럼 반드시 개에게 독성이 있는 것은 아니지만, 완전히 씹지 않으면 식도를 막거나 기관을 찢을 수도 있다. 또한 소금 성분이 있는 아몬드는 수분 보유량을 증가시킬 수 있기 때문에 특히 위험하며, 이는 심장병에 걸리기 쉬운 개에게 치명적일 수 있다. 초콜릿: 개는 절대 초콜릿을 먹어서는 안 된다. 초콜릿에는 메틸잔틴 계통의 카페인과 테오브로민이라는 물질이 들어 있는데, 이는 개에게는 독성물질로 작용한다. 특히 다크 초콜릿의 경우, 아주 조금만 먹어도 설사와 구토를 일으킬 수 있다. 많은 양을 먹으면 발작, 불규칙한 심장 기능, 심지어 사망에 이를 수도 있다. 개가 쉽게 접근할 수 있는 곳에 초콜릿을 두지 말고 개가 초콜릿을 먹었다면 최대한 빨리 수의사에게 연락해야 한다. 계피: 개는 계피를 먹어서는 안 된다. 계피는 실제로 개에게 독성이 없지만 피하는 것이 가장 좋다. 계피와 계피 오일은 개 입 안을 자극하여 불편하고 아플 수 있다. 개의 혈당을 너무 많이 낮추어 설사, 구토, 심박수 증가 또는 감소, 심지어 간 질환으로 이어질 수 있다. 계피를 가루 형태로 흡입하면 호흡 곤란, 기침, 질식을 일으킬 수 있다. 마늘: 개는 마늘을 먹어서는 안 된다 . 양파, 부추, 파와 마찬가지로 마늘은 알리움과에 속하며, 알리움 식물의 나머지보다 개에게 5배나 더 독성이 강하다. 마늘은 개에게 빈혈을 일으켜 잇몸이 창백해지고, 심박수가 높아지고, 허약해지고, 쓰러지는 등의 부작용을 일으킬 수 있다.	캐슈너트: 개는 소금이 들어가지 않은 캐슈너트를 소량은 먹을 수 있다(그러나 지방함량이 높아서 과량으로 주지 않도록 한다). 치즈: 개는 소량에서 적당한 양의 치즈를 먹을 수 있다. (저지방 권장) 유당불내성이 있는 개들은 주의한다. 달걀: 개는 달걀을 먹을 수 있다. 달걀은 완전히 익혀진 것이라야 안전하다. 날달걀 흰자를 먹으면 비오틴 결핍이 발생할 수 있으므로 달걀을 완전히 익혀야 한다. 햄: 개는 햄을 먹을 수 있다. 햄은 개가 먹기에는 괜찮지만, 건강한 음식은 아니다. 햄은 나트륨과 지방함량이 높기 때문에 작은 조각을 나눠 먹는 것은 괜찮지만, 지속적으로 주지는 않도록 한다. 꿀: 개는 꿀을 먹을 수 있다. 꿀에는 비타민 A, B, C, D, E, K, 칼륨, 칼슘, 마그네슘, 구리, 항산화제 등 많은 영양소가 있다. 개에게 소량의 꿀을 먹이면 알레르기에 도움이 될 수 있다. 꿀은 섭취하는 것 외에도 화상과 표면적 상처에 대한 국소 치료제로도 사용할 수 있다. 땅콩: 개는 소금에 절이지 않은 땅콩이라면 먹을 수 있다. 아몬드와 달리 땅콩은 개에게 안전하다. 그러나 과량으로 주지 않도록 한다.

마늘과 양파 중독은 증상이 늦게 나타날 수 있으므로 개가 마늘을 먹었을 수 있다고 생각되면 섭취 직후가 아니라 며칠 동안 모니터링해야 한다. 아이스크림: 개는 아이스크림을 먹으면 안 된다. 아이스크림은 상쾌한 간식이지만 설탕이 많이 들어 있으므로 개와 함께 먹지 않도록 한다. 또한 일부 개는 락토오스에 대한 불내증이 있다. 아이스크림 대신 딸기, 라즈베리, 사과, 파인애플 조각을 얼려서 개에게 달콤하고 얼음 같은 간식을 주도록 한다. 마카다미아 너트: 개는 절대 마카다미아 너트를 먹어서는 안 된다 . 이것들은 개에게 가장 독이 많은 음식 중 일부이다. Protaceae과에 속하는 마카다미아 너트는 구토, 체온 상승, 보행장애, 무기력을 유발할 수 있다. 악화될 경우 신경계에 영향을 미칠 수 있다. 개에게 마카다미아 너트를 절대 먹이지 말아야 한다.	생선: 개는 익힌 생선을 먹을 수 있다. 생선에는 좋은 지방과 아미노산이 들어 있어 개에게 좋은 건강 증진 효과를 준다. 완전히 익혀서 식힌 생선만 먹이고, 생선 섭취는 일주일에 두 번 이하로 제한 하는 것이 좋다. 팝콘: 개는 팝콘을 먹을 수 있다. 소금과 버터를 넣지 않은 에어팝 팝콘은 먹어도 된다. 그러나 튀기지 않은 팝콘은 질식 위험이 될 수 있으므로 주의한다. 새우: 새우는 개에게 괜찮다. 가끔 새우 몇 마리는 완전히 익혀서 껍질(꼬리, 머리, 다리 포함)을 완전히 제거해서 줄 수 있다. 요거트: 플레인 요거트는 개에게 괜찮다. 그러나 일부 개는 유제품을 소화하는 데 문제가 있을 수 있다. 개가 소화할 수 있다면 요거트의 활성 박테리아가 프로바이오틱스로 소화계를 강화하는 데 도움이 될 수 있다. 플레인 요거트가 가장 좋은 선택이다. 설탕이 첨가된 요거트는 피하고 인공 감미료가 들어간 요거트는 모두 피해야 한다.

부록

<반려동물사료 영양표준(개·고양이)>

발췌: 반려동물 사료 영양표준(제1판), 농촌진흥청 국립축산과학원, 2024.

1절. 영양소별 권장량

① 단백질

NRC(2006c)의 25g/1,000kcal (6g/MJ)은 Sanderson SL 등 (2001)에 기반한다. 이 연구에서는 단백질 소화율이 높은 사료를 사용하였고 에너지 섭취량은 약 130kcal (550kJ)/kg 체중$^{0.75}$ 정도로 설정하였다. 단백질 수준은 NRC(2006d) 권장사항을 기반으로 하되, i) 조단백질 소화율이 80%인 것, ii) 낮은 에너지 섭취량, iii) 노견의 영양소 요구량(Finco DR 등, 1994; Williams CC 등, 2001)을 고려한다. 단백질의 최소 권장량보다 낮게 배합하기 위해서는 아미노산 함량을 충족시키는 것이 중요하다. 단백질(성장기)의 권장량은 저혈당 및 어린 개체의 사망 위험을 줄이기 위해 사료에 적정량의 탄수화물을 포함해야 한다. 탄수화물이 없거나 매우 낮은 수준인 경우, 단백질 요구량을 두 배까지 높일 수 있으며(Kienzle E 등, 1985; Kienzle E 등, 1989; Romsos DR 등, 1981), 단백질(성장기)에 대한 영양소 권장량은 곡물과 다양한 동물 부산물로 구성된 사료의 경우, 14주 미만의 개체는 25% 이상, 14주 이상 된 개체의 경우 20% 이상이어야 한다(NRC 2006c).

i) 아르지닌

아르지닌 요구량은 요소 회로의 중간체로서 역할을 하므로 단백질 함량이 증가함에 따라 증가한다. 조단백질 1g당 추가로 0.01g의 아르지닌이 필요하다(NRC 2006d).

ii) 라이신

Czarnecki 등 (1985)는 사료 내 과대한 라이신 함량(건물 기준 4.91%[사료 내 함유 0.91% + 첨가제 4%])이 강아지의 증체량을 감소시키지만, 건물 기준 2.91%(사료 내 함유 0.91% + 첨가제 2%)의 함량은 그렇지 않음을 보여주었다.

그러므로, 강아지 영향을 미치지 않는 최대 농도는 건물 기준 2.91%(에너지 밀도 4,156kcal/kg 또는 17.39MJ/kg)이다. 이는 1,000kcal 당 7.0g(MJ당 1.67g) 또는 건물 기준 4kcal/g에 해당하며, 이것이 강아지의 성장을 위한 최대치이다.

iii) 메치오닌-시스틴

메치오닌-시스틴의 권장량의 경우 사료 내 타우린 함량이 건물 기준 kg당 100mg 이하인 사료를 기준으로 하고 있다(Sanderson SL 등, 2001). 타우린 함량이 더 높은 제품의 경우, 황 함유 아미노산에 대한 권장량은 제시된 값보다 낮을 수 있다. 메치오닌의 경우, 쌀과 같은 원료로 만들어진 사료에서는 메치오닌 함량을 증가시켜야 할 필요가 있다. 시스틴은 시스테인의 이성질체로, 분석 과정에서 산화된 시료의 가수분해물에서 시스틴과 시스테인은 모두 시스테인산으로 결정되지만, 시스틴으로 계산된다(Blaza SE 등, 1982; Teeter RG 등, 1978).

iv) 타이로신

타이로신(전 주기)의 경우, 검은색 피모를 가진 동물의 경우 타이로신 함량이 명시된 양보다 1.5배에서 2배 높을 수 있다(Biourge V 등, 2002; NRC 2006d).

② 지방

지방(전 주기)의 경우, 권장량보다 낮은 단백질을 함유한 사료를 섭취한 개들은 매우 높은 수준의 지방을 먹어도 문제가 없다. 단, 사료 내 매우 높은 지방함량과 매우 낮은 단백질 함량을 가진 사료의 경우 개에게 부작용을 일으킬 수 있다(Lindsay ST 등, 1948). 그러나 Logan R(2020)의 연구에서는 성견 사료 내 최대 6% 지방 함량 증가 시 영양소 소화율이 개선되었으며 부작용이 없다는 결과를 보고하였다. 지방 자체는 필수적이지 않으며, 모든 필수 지방산에 대한 최소 권장량을 충족 또는 초과하면 영양 결핍의 위험이 없다.

i) 오메가-3 및 오메가-6 지방산

오메가-3 및 오메가-6 다중 불포화 지방산(성장 및 번식기)의 경우 임신 및 생후 초기 성장기(14주령 미만)에서 도코사헥사엔산(DHA)와 아라키돈산(AA)이 뇌와 망막 내에서 선택적으로 축적된다(Heinemann KM 등, 2006). 임신과 수유 중 알파-리놀렌산(ALA) 및 리놀레산 첨가는 DHA와 AA의 합성에는 효과가 없다. 새끼 강아지는 일부 ALA를 DHA로 변환할 수 있지만 이유가 끝나면 저하된다(Bauer JE 등, 2006a). 또한 오메가-3 장쇄 불포화지방산을 섭취한 모견의 새끼 강아지들과 이유 후 동일한 사료를 먹인 새끼 강아지들의 시력이 개선되는 것을 확인했다(Bauer JE 등, 2006b; Heinemann KM 등, 2005a; Heinemann KM 등, 2005b). 오메가-3의 종류 중 DHA는 반려동물의 신경발달과 인지기능 개선, 심장 질환 위험 감소, 신장 질환의 악화 방지 및 신장 기능 개선, 건성 피부와 알레르기의 염증 감소 및 모낭 건강 촉진, 및 강력한 항염증 특성으로 인해 노령 반려동물의 관절염증을 감소시키는 효과를 보인다(Mehler SJ 등, 2016; Magalhaes TR 등, 2021). 따라서 새끼 강아지의 영양소 효율 증진을 위해 성장과 번식 사료 내 DHA, EPA 및 소량의 AA를 포함시키는 것이 좋다. 오메가-3 지방산의 긍정적인 효과에 대한 연구가 점점 증가하고 있지만, 현재의 연구 결과로써는 개를 위한 특정 오메가-3 지방산 권장량을 결정하기에는 충분하지 않다.

오메가-3 및 6 지방산의 경우, 오메가-3 지방산의 효과는 첨가량뿐만 아니라 오메가-6 지방산 및 오메가-3 지방산의 비율에 따라 달라진다. 매우 높은 수준의 장쇄 오메가-3 지방산은 오메가-6 지방산 첨가량이 낮을 때 세포 면역력을 감소시킬 수 있다(Hall JA 등, 1999; Wander RC 등, 1997).

③ 미네랄

i) 칼슘

칼슘(강아지를 위한 권장량)의 경우, 성장기 강아지의 충분한 칼슘 수준은 건물 기준 0.8g/100g로 보고되며(Goodman SA 등, 1998; Jenkins KJ 등, 1960a; Jenkins KJ 등, 1960b; Lauten SD 등, 2002), 이 권장량은 일부 품종의 (Alexander JE 등, 1988) 빠른 성장기(특히 에너지 요구량이 낮은 품종)에는 제한적이다(Laflamme DP, 2001). 어린 강아지 사료 내 칼슘 수준은 건물 기준 최소 1g/100g로 권장한다. 대형견들은 약 6개월까지 적어도 1%의 칼슘을 함유하는 사료를 먹이는 것이 권장된다. 소형견 및 중형견 사료에는 칼슘이 더 적게 들어갈 수 있으며(건물 기준 최소 0.8%), 칼슘 인산 비율을 1.8/1로 높일 수 있다. 칼슘의 과다 섭취는 초기 성장기(14주령 미만)에 대형견들의 골격 발달에 부작용을 일으킬 수 있으며 (Hazewinkel HAW 등, 1985; Schoenmakers I 등, 2000), 이러한 이유로 대형견 사료에는 엄격한 칼슘 영양소 함량을 지키는 것이 권장된다.

Weber M 등 (2000a, b)의 연구에 따르면 균형 잡힌 사료를 먹일 때, 9주 이상된 개의 경우 건물 기준 1.6%의 칼슘은 부작용이 없다. 이후 성장기에서는 대형견 포함 모든 품종의 개들에게 건물 기준 최대 1.8%의 칼슘을 급여하는 것이 가능하며, 그레이트 데인(Great Danes) 품종을 제외한 모든 품종에게 해당된다. 이 품종은 민감하기 때문에 1.6%의 최대 칼슘 함량을 포함하는 사료를 계속 사용하는것이 좋다(Laflamme DP, 2001; Weber M 등, 2000a; Weber M 등, 2000b).

ii) 인

AAFCO는 1992년 영양소 과잉을 예방하기 위해 칼슘 (6.25g/1,000kcal)과 인(4g/1,000kcal)에 대한 최대 영양소 함량을 정했다(Dzanis DA, 1994). FEDIAF도 칼슘와 인에 대한 동일한 최대 영양소 함량을 채택했다. 특히 칼슘: 인= ≤0.4:1의 경우 인 과잉은 성견에 부작용이 있는 것으로 보고 하였으며, Laflamme GH와 Jowsey J (1972) 및 Schneider P 등 (1980)의 연구에서 동일한 결과를 보고하였다. Stockman J 등 (2017)의 연구에서 1,000kcal 당 총 칼슘 7.1g 및 총 인 4.5g (칼슘: 인=1.6:1)의 사료를 40주 동안 급여할 경우 부정적인 영향은 없다고 보고하였다(Stockman J 등, 2017).

iii) 나트륨

개를 대상으로 한 연구에서 45.4mg/MJ (1,000kcal당 0.19g)의 나트륨이 모든 생애 주기에 적합하다는 것을 검증하였다(Czarnecki-Maulden GL 등, 1989). 성견의 경우, 건물 기준 2%의 나트륨을 함유하는 사료가 칼륨 균형을 두너뜨릴 수 있다는 것이 입증되었다(Boemke W 등, 1990).

iv) 구리

구리의 낮은 생체이용률로 인해 구리 산화물을 구리 원료 자체로 사용해서는 안된다(Fascetti AJ 등, 1998).

v) 요오드

Castillo 등 (2001a, b)의 연구에서는 개에 대한 요오드의 최대 영양소 함량을 낮게(건물 기준

0.4mg/100g) 권장했다. 그러나 칼슘, 인 및 칼륨과 같은 여러 영양소가 부족할 경우, 사료의 과다 섭취는 요오드의 섭취량을 증가시킨다.

vi) 철

철은 생체 이용률이 매우 낮으며, 사료에 첨가되는 산화물이나 탄산염 형태의 철은 사용하면 안되며 (NRC 2006a), 무기철(inert iron)의 양은 철의 총 함량에서 제외시킨다.

④ 비타민

i) 비타민 A

성묘: FEDIAF 최대치는 새끼 고양이를 대상으로 Seawright AA 등 (1967)이 보고한 연구를 기반으로 한다. FEDIAF 최대치인 건물 기준 40,000IU/100g은 Seawright AA 등 (1967)이 6-8주령의 새끼 고양이를 대상으로 41주 동안 먹인 최대 NOAEL(부작용이 관찰되지 않는 최대량)의 약 50%에 해당하는 수치이다. 새끼 고양이는 적어도 성묘와 마찬가지로 비타민 A 과다증에 취약하기 때문에 이 수준은 성묘에게도 안전하다 할 수 있다.

- 성장 및 번식: Seawright AA 등 (1967)은 6주령에서 8주령 사이 새끼 고양이를 41주 동안 50,000IU/kg 체중의 비타민 A를 섭취한 경우 부작용이 없다고 보고했다. 이는 건물 기준 90,000IU/100g에 해당한다. 따라서 FEDIAF

의 최대치인 건물 기준 40,000IU/100g은 성장기의 새끼 고양이에게 안전하다고 볼 수 있다. 이러한 데이터를 이용하여 번식을 목적으로 제작된 상품에 대해 건물 기준 최대 비타민 A 33,330IU/100g을 권장한다.

ii) 비타민 E

비타민 E의 요구량은 다중 불포화 지방산(PUFA)의 섭취와 다른 항산화제의 존재에 따라 달라진다. PUFA 섭취량이 높을 경우 비타민 E의 요구량이 증가한다. 고양이 사료의 경우, 사료 1kg당 첨가되는 어유 1g당 최소 수준 이상의 비타민 E를 5-10IU 첨가하는 것이 권장된다 (Hendriks WH 오, 2002).

iii) 비타민 B

비타민 B의 최소 권장량은 NRC(2006f)에 따른다. 적정 급여량(AI)은 생체 이용이 가능한 형태인 비타민 프리믹스로 결정한다. AI 수준이 확립되지 않은 경우, 권장 최소량은 NRC의 권장량을 기반으로 한다.

iv) 비타민 B(전 기간)

비타민 B6의 요구량은 사료 내 단백질 함량이 증가함어 따라 증가한다(Bai SC 등, 1991; Bai SC 등, 1989).

v) 비타민 B7(비오틴)

비타민 B6의 요구량은 사료 내 단백질 함량이 증가함에 따라 증가한다(Bai SC 등, 1991; Bai SC 등, 1989).

vi) 비타민 K

일반적으로 비타민 K는 추가적으로 첨가할 필요가 없다. 하지만 캔 형태의 반려동물 사료 중 어류의 함량이 높은 것은 응고가 더 잘 될 수 있는 위험이 있으므로 비타민 K를 보충하는 것이 권장되고 있다(Kronfeld DS, 1989c; NRC 2006g; Strieker MJ 등, 1996).

2절. 완전 사료

① 정의

완전 사료란 하루 분량만으로 반려동물에게 필요한 영양소 요구량을 충족시킬 수 있는 사료를 의미한다. 사료업체가 특정 성장기를 명시하지 않고 사료를 완전 사료로 표시하는 경우, 모든 성장기에 급여 가능할 것으로 가정되며, 초기 성장과 번식을 위한 권장량에 따라 제조되어야 한다. 사료가 특정 성장기를 위해 설계된 경우 정확히 명시되어야 한다.

완전 사료를 시장에 출시하기 전 다음 사항들을 권장한다.

a. 최신 영양학적 지식 및 사료 영양표준에서 제시하는 자료를 활용해 사료를 만들어야 한다.

b. 특정 영양소 수준이 이 영양표준에서 명시된 값의 범위를 벗어난 경우, 사료 회사는 사료가 모든 필수 영양소의 충분하고 안전한 섭취를 제공한다는 것을 입증할 수 있어야 한다.

c. 완전 사료는 공식적인 분석 방법 등을 통해 결과를 제공할 것을 권장한다.

② 개와 고양이 사료의 영양소 최소 권장 영양소 함량

사료를 생산할 때 사료회사는 개와 고양이가 영양소를 적절히 섭취하도록 사료의 최소 권장 영양소 함량을 이용해야 한다. 영양정보 표에는 '단위/건물 100g', '단위/1,000kcal 대사에너지'와 같은 단위를 사용한다.

③ 사료 에너지 함량

반려동물 사료의 에너지 밀도를 측정하는 가장 정확한 방법은 반려동물 대사 실험이다. 대사실험은일반적으로 가소화에너지를 측정한다. 소변에서 손실되는 에너지(urinary gross energy)를 빼면, 동일한 실험에서 대사에너지를 결정할 수 있다. 소변에서 손실되는 에너지는 소변을 수집하여 측정할 수 있으며, 소변을 수집하지 않는 경우 다음의 보정 계수를 통해 계산할 수 있다.

– 개: 1.25kcal/g 가소화 단백질

– 고양이: 0.86kcal/g 가소화 단백질

사료회사 등은 최신 문헌을 참고하여 요구량을 산출할 수 있다.

④ 완전 사료 내 특정 영양소의 최대 함량

영양학적으로 안전한 범위에서 특정 영양소는 최대 또는 그 이상으로 사용이 가능하지만, 과학적 연구 결과는 보고되지 않았다. 따라서, 추가적으로 과학적 데이터가 제공될 때까지 반려동물 사료가 영양학적 최대치를 초과하지 않도록 권장한다.

⑤ 사료 검증

사료가 시장에 출시되기 전에 적합성 검증을 위한 절차를 거쳐야 한다. 완전 사료의 경우 AAFCO는 반려견 사료에서 총 37개(필수 아미노산 10종, 필수 지방산 4종, 비타민 11종 및 미네랄 12종), 반려묘 사료에서 총 39개(필수 아미노산 11종, 필수 지방산 4종, 비타민 12종 및 미네랄 12종)를, FEDIAF는 반려견 사료에서 총 36개 (필수 아미노산 10종, 필수 지방산 3종, 비타민 11종 및 미네랄 12종), 반려묘 사료에서 총 40개(필수 아미노산 11종, 필수 지방산 4종, 미네랄 12종, 비타민 13종) 영양소 함량을 규정하고 정확하게 충족하도록 권고하고 있다. 농림축산식품부는 사료검정성분의 허용오차적용 범위(사료검사기준 고시 제20조 관련)에 의한 오차를 적용하여 사료의 일반 검정성분과 유해물질의 기준치 위배여부 등을 판단하고 있다.

완전 사료는 배합사료의 성분등록 사항을 준수하여 조단백질, 조지방, 조섬유, 조회분, 칼슘 인, 수분 함량을 등록하도록 되어 있다. 완전 사료로 출시하기 위해서는 국립축산과학원에서 제시하는 완전 사료의 권장 영양소 함량을 준수하는 것이 바람직하다.

⑥ 사료 표시사항

국내 반려동물용 사료의 성분등록 표기는 「사료 등의 기준 및 규격」의 「배합사료의 성분등록 사항」에 따라 조단백, 조지방, 조회분, 조섬유, 칼슘, 인, 수분 등 7대 영양소를 표기하도록 규정되고 있다. 그러나 이러한 표기 방식은 여전히 국제적인 표시사항 수준에 미치지 못하고 있다. 해외에서는 아미노산, 미네랄, 비타민, 기타 성분 및 에너지 등 영양소를 보다 세부적이고 체계적으로 표시하고 있다. 이러한 격차는 두 가지 주요 요인에 기인한다. 첫째, 국내 반려동물 사료 연구개발은 해외 대비 아직 시작 단계에 불과하며 국내 시장 규모가 해외에 비해 상대적으로 작아, 연구 및 개발에 충분한 투자가 이루어지지 않고 있다. 둘째, 국내사료 시장 내 중소기업은 자본과 분석 능력의 한계로 인해 정확한 성분 분석과 표시사항에 어려움을 겪고 있다. 성분 분석을 포함한 다양한 분석 비용은 매출액의 약 3%로 추정되지만, 낮은 국내 시장규모와 국내 사료 회사들의 매출은 다국적 사료 회사에 비해 현저히 낮아 성분 분석에 충분한 재정을 투입하기 어려운 실정이다. 그러나 국외 사료 회사와 같이 세부적인 성분 분석 항목을 늘리고 권고 사항을 충실히 반영할 경우, 국내 반려동물 사료에 대한 신뢰도와 시장 경쟁력은 크게 향상될 것으로 기대된다. 이에 따라 향후 5년 이내에 국내 사료 성분 표기 방식을 7대 영양소뿐만 아니라 세부 영양소까지 포함하는 방식으로 개선할 것을 제안한다. 지속적으로 반려동물 영양에 관한 연구방향 설정이 필요하며 국내 사료의 안전성 확보가 중요하다. 사료의 제조 일자와 유통기한을 명확히 표기함으로써 제품의 신선도, 품질, 안전성을 보장해야 하고 사료 제조업체는 반려동물의 적정 급여량을 명확히 안내해야한다.

⑦ 반복 분석

사료 출시 후, 배합비가 변경되지 않는 한, 사료가 적절한 영양적 기준을 충족하는지 확인하기 위해 지속적인 분석을 권장한다. 원료의 변동으로 인해 편차가 발생할 수 있다. 사료업체가 사료의 조성 또는 가공 사항을 변경할 경우, 사후 분석을 권장한다. 이렇게 함으로써 사료 내 영양소 유지 여부를 확인할 수 있다.

⑧ 급여 가이드라인

사료회사는 반려동물 사료의 급여 지침을 제공해야 하며, 사료의 정확한 기능적 목적을 나타내어야 한다. 급여 빈도, 급수량, 활동량에 따라 사료 급여량 조절에 대한 정보를 제공하는 것이 바람직하다.

3절. 참고문헌

1. Sanderson SL, Gross KL, Ogburn PN, et al. (2001) Effects of dietary fat and L-carnitine on plasma and whole blood taurine concentrations and cardiac function in healthy dogs fed protein- restricted diets. Am J Vet Res. 62(10):1616-1623.
2. NRC. (2006d) Nitrogen (Crude Protein) minimum requirements, recommended allowances, and adequate intakes. In: Nutrient Requirements of Dogs and Cats. The National Academic Press, Washington, DC: p. 116-120.
3. Finco DR, Brown SA, Crowell WA, et al. (1994) Effects of aging and dietary protein intake on uninephrectomized geriatric dogs. Am J Vet Res. 55(9):1282-1290.
4. Williams CC, Cummins KA, Hayek MG, et al. (2001) Effects of dietary protein on whole-body protein turnover and endocrine function in young-adult and aging dogs. J Anim Sci. 79(12):3128-3136.
5. Kienzle, E., Meyer, H., & Lohrie, H. (1985). Einfluss kohlenhydratfreier Rationen mit unterschiedlichen Protein/Energierelationen auf fotale Entwicklung und Vitalitat von Welpen sowie die Milchzusammensetzung von Hundinnen. Untersuchungen zum Energie- und Nahrstoffbedarf von Zuchthundinnen und Saugwelpen, p. 73-99.
6. Kienzle E, Meyer H. (1989) The effects of carbohydratefree diets containing

different levels of protein on reproduction in the bitch. In: Burger IH, Rivers JPW, eds. Nutrition of the dog and cat. Cambridge University Press, Cambridge, UK: p. 229–242.

7. Romsos DR, Palmer HJ, Muiruri KL, et al. (1981) Influence of a Low Carbohydrate Diet on Performance of Pregnant and Lactating Dogs. J Nutr. 111(4):678–689.
8. Czarnecki GL, Hirakawa DA, Baker DH. (1985) Antagonism of Arginine by Excess Dietary Lysine in the Growing Dog. J Nutr. 115(6):743–752.
9. Blaza SE, Burger IH, Holme DW, et al. (1982) Sulfurcontaining amino acid requirements of growing dogs. J Nutr. 112(11):2033–2042.
10. Teeter RG, Baker DH, Corbin JE. (1978) Methionine and Cystine Requirements of the Cat. J Nutr. 108(2):291–295.
11. Biourge V, Sergheraert R. (2002) Hair pigmentation can be affected by diet in dogs. In: Proc Comp Nutr Soc. 103–104.
12. Lindsay ST, Entenman C, Chaikoff IL. (1948) Pancreatitis accompanying hepatic disease in dogs fed a high fat, low protein diet. Arch Pathol. 45:635–638.
13. Heinemann KM, Bauer JE. (2006) Docosahexaenoic acid and neurologic development in animals. J Am Vet Med Assoc. 228(5):700–705.
14. Bauer JE, Heinemann KM, Lees GE, et al. (2006b) Retinal Functions of Young Dogs Are Improved and Maternal Plasma Phospholipids Are Altered with Diets Containing Long-Chain n-3 Polyunsaturated Fatty Acids during Gestation, Lactation, and after Weaning. J Nutr. 136(7):1991S–1994S.
15. Heinemann KM, Waldron MK, Bigley KE, et al. (2005a) Improvement of retinal function in canine puppies from mothers fed dietary long chain n-3 polyunsaturated fatty acids during gestation and lactation. J Vet Intern Med. 19(3):442–443.

16. Heinemann KM, Waldron MK, Bigley KE, et al. (2005b) Long-Chain (n-3) Polyunsaturated Fatty Acids Are More Efficient than α-Linolenic Acid in Improving Electroretinogram Responses of Puppies Exposed during Gestation, Lactation, and Weaning. J Nutr. 135(8):1960-1966.

17. Mehler SJ, May LR, King C, et al. (2016) A prospective, randomized, double blind, placebo-controlled evaluation of the effects of eicosapentaenoic acid and docosahexaenoic acid on the clinical signs and erythrocyte membrane polyunsaturated fatty acid concentrations in dogs with osteoarthritis. Prostaglandins Leukot Essent Fatty Acids. 109:1-7.

18. Magalhaes TR, Lourenco AL, Gregorio H, et al. (2021) Therapeutic effect of EPA/DHA supplementation in neoplastic and non-neoplastic companion animal diseases: a systematic review. In Vivo. 35(3):1419-1436.

19. Hall JA, Wander RC, Gradin JL, et al. (1999) Effect of dietary n-6-to-n-3 fatty acid ratio on complete blood and total white blood cell counts, and T-cell subpopulations in aged dogs. Am J Vet Res. 60:319-327.

20. Wander RC, Hall JA, Gradin JL, et al. (1997) The Ratio of Dietary (n-6) to (n-3) Fatty Acids Influences Immune System Function, Eicosanoid Metabolism, Lipid Peroxidation and Vitamin E Status in Aged Dogs. J Nutr. 127(6):1198-1205.

21. Goodman SA, Montgomery RD, Fitch RB, et al. (1998) Serial orthopedic examinations of growing Great Dane puppies fed three diets varying in calcium and phosphorus. Recent advances in canine and feline nutrition. 3:3-12.

22. Jenkins KJ, Phillips PH. (1960a) The Mineral Requirements of the Dog: I. Phosphorus Requirement and Availability. J Nutr. 70(2):235-240.

23. Jenkins KJ, Phillips PH. (1960b) The Mineral Requirements of the Dog: II. The Relation of Calcium, Phosphorus and Fat Levels to Minimal Calcium and Phosphorus Requirements. J Nutr. 70(2):241-246.

24. Lauten SD, Cox NR, Brawner WR, et al. (2002) Influence of dietary calcium and phosphorus content in a fixed ratio on growth and development in Great Danes. Am J Vet Res. 63(7):1036–1047.

25. Alexander JE, Moore MP, Wood LLH. (1988) Comparative growth studies in Labrador Retrievers fed 5 commercial calorie–dense diets. Mod vet pract. 31: 144–148.

26. Laflamme DP. (2001) Effect of breed size on calcium requirements for puppies. Compend Contin Educ Pract Vet. 23(9):66–69.

27. Hazewinkel HAW, Hackeng WHL, Bosch R, et al. (1985) Influences of Different Calcium Intakes on Calciotropic Hormones and Skeletal Development in Young Growing Dogs. In: Comparative Pathophysiology of Regulatory Peptides. S. Karger AG. 17 p. 221–232.

28. Schoenmakers I, Hazewinkel HAW, Voorhout G, et al. (2000) Effect of diets with different calcium and phosphorus contents on the skeletal development and blood chemistry of growing Great Danes. Vet Rec. 147(23):652–660.

29. Weber M, Martin L, Dumon H. (2000a) Calcium in growing dogs of large breed: a safety range? In: ESVCN Amsterdam.

30. Weber M, Martin L, Dumon H, et al. (2000b) Growth and skeletal development in two large breeds fed 2 calcium levels. Proceedings of ACVIM FORUM, Seattle, USA, CD Rom.

31. Dzanis DA (1994) The Association of American Feed Control Officials Dog and Cat Food Nutrient Profiles: substantiation of nutritional adequacy of complete and balanced pet foods in the United States. J Nutr. 124(12): 2535S–2539S.

32. Laflamme GH, Jowsey J (1972) Bone and soft tissue changes with oral phosphate supplements. J Clin Invest. 51(11): 2834–2840.

33. Schneider P, Pappritz G, Muller–Peddinghaus R et al. (1980) [Potassium hy-

drogen phosphate induced nephropathy in the dog. I. Pathogenesis of tubular atrophy (author's transl)]. Vet Pathol. 17 (6): 699–719.

34. Stockman J, Watson P, Gilham M et al. (2017) Adult dogs are capable of regulating calcium balance, with no adverse effects on health, when fed a high–calcium diet. Br J Nutr. 117(9): 1235–1243.

35. Czarnecki–Maulden GL, Deming JG, Izquierdo JV. (1989) Evaluation of practical dry dog foods suitable for all life stages. J Am Vet Med Assoc. 195(5):583–590.

36. Boemke W, Palm U, Kaczmarczyk G, et al. (1990) Effect of high sodium and high water intake on 24 h–potassium balance in dogs Zeitschrift fur Versuchstierkunde. 33(4):179–185.

37. Fascetti AJ, Morris JG, Rogers QR. (1998) Dietary Copper Influences Reproductive Efficiency of Queens. J Nutr. 128(12):2590S–2593S.

38. Castillo VA, Lalia JC, Junco M, et al. (2001a) Changes in Thyroid Function in Puppies Fed a High Iodine Commercial Diet. Vet J. 161(1):80–84.

39. Castillo VA, Pisarev MA, Lalia JC, et al. (2001b) Nutrition: Commercial diet induced hypothyroidism due to high iodine. A histological and radiological analysis. Veterinary Quarterly. 23(4):218–223.

40. NRC. (2006a) Absorption and bioavailability of dietary iron in dogs and cats. In: Nutrient Requirements of Dogs and Cats. The National Academic Press, Washington, DC: p. 168–169.

41. Seawright AA, English PB, Gartner RJW. (1967) Hypervitaminosis A and deforming cervical spondylosis of the cat. J Comp Path. 77(1):29–IN26.

42. Hendriks WH, Wu YB, Shields RG, et al. (2002) Vitamin E Requirement of Adult Cats Increases Slightly with High Dietary Intake of Polyunsaturated Fatty Acids. J Nutr. 132(6):1613S–1615S.

43. Bai SC, Sampson DA, Morris JG, et al. (1989) Vitamin B–6 Requirement of

Growing Kittens. J Nutr. 119(7):1020–1027.

44. Bai SC, Sampson DA, Morris JG, et al. (1991) The Level of Dietary Protein Affects the Vitamin B–6 Requirement of Cats. J Nutr. 121(7):1054–1061.
45. Kronfeld DS. (1989c) Vitamin & mineral supplementation for dogs and cats: a monograph on micronutrients. Veterinary Practice Pub. Co.
46. NRC. (2006g) Nutrient Requirements and Dietary Nutrient Concentrations. In: Nutrient Requirements of Dogs and Cats. The National Academic Press, Washington, DC: (15) p. 357– 363 tables 315–353, 315–355 and 315–358.

참고문헌

참고문헌

국립축산과학원(2024). 반려동물 사료 영양표준(개·고양이): 1판.

김수경 외(2018). 펫코노미 시대, 펫 비즈니스 트렌드. 삼정KPMG경제연구원.

김수경·이아롬(2024). 다가오는 펫코노미 2.0시대, 펫 비즈니스 트렌드와 새로운 기회. 삼정KPMG경제연구원.

김옥진·이미진·오승민·이경동·이라미·조현정·최영복·최혁·함희진(2024). 동물보건영양학, 서울: 동문사.

김현태(2022). 반려동물 영양학 아틀라스. 서울: 농경애니텍.

농림축산식품부고시자료 "사료 등의 기준 및 규격".

농림축산식품부고시자료 별표-1 "단미사료의 범위".

농림축산식품부고시자료 별표-2 "보조사료의 범위".

농업기술포털 "농사로"에 용어설명 부분.

동물간호학(The Complete Textbook of Veterinary Nursing), 저자(Victoria Aspinall), 번역(동물간호복지사자격위원회 교과서출간위원회), 개와 고양이의 해부생리, 소화기계통, pp. 67~74.

미국수의사회(AVMA, American Veterinary Medicine Association), Pets age faster than people.

왕태미(2018). 개와 고양이를 위한 반려동물 영양학. 서울: 어니스트북스.

이영대 외(2016). 반려동물 연관산업 분석 및 발전방향 연구. 농림축산식품부.

정혁학 지음, 이상락 감수(2024). 반려동물영양학. 서울: 인플로우.

조우재·김향미·김수연·김정은·김현주·박소영·배동화·윤기영·한세명(2024). 반려동물 영양학. 서울: 라이프사이언스.

황원경 외(2023). 한국반려동물 보고서. KB금융지주 경영연구소.

황윤재 외(2024). 농식품산업 신성장동력 창출을 위한 펫푸드 산업 육성과제. 한국농촌경제연구원.

Alexandra Moreno-Garcia et al. (2018). An overview of the Role of Lipofuscin in Age-Related Neurodegeneration, Front Neurosci, 12:464.

Andrea J. Fascetti, Sean J. Delaney, Jennifer A. (2023). Applied Veterinary Clinical Nutrition, 2nd Edition, wiley blackwell.

Andrea J. Fascetti, Sean J. Delaney, Jennifer A. Larsen, Cecilia Villaverde. (2023). *Applied Veterinary Clinical Nutrition*. USA: John Wiley & Sons P&T

Ann W. Kara M.B. (2015). Nutrition and Disease Management for Veterinary Technicians and Nurses 2nd Edition, Blackwell Pub.

Ann Wortinger, Kara M. Burns 공저. 지기태 역. 정연우, 한종현 감수(2023). 동물보건영양학(제2판). 경기: 이공월드플러스.

Baldwin K, Bartges J, Bufflington T. (2010) AAHA Nutritional Assessment Guideline for Dogs and Cats. J Am Anim Hosp Assoc. 46:285–96.

Behrend E, Holford A, Lathan P, Rucinsky R, Schulman R. (2018) 2018 AAHA Diabetes Management Guidelines for Dogs and Cats. J Am Anim Hosp Assoc. 54(1):1–21.

Biourge V, Pion P, Lewis J, Morris JG, Rogers QR. (1991) Dietary management of idiopathic feline hepatic lipidosis with a liquid diet supplemented with citrulline and choline. J Nutr. 121(11 Suppl):S155–6.

Case LP, Carey DP, Hirakawa DA, Daristotle L. (2000). *Canine and Feline Nutrition* (2nd edition). United States: Mosby.

Chan DL. (2009) The inappetent hospitalised cat. Clinical approach to maximising nutritional supprot. J Feline Med Surg. 11:925–33.

Cline J. (2012) Calcium and vitamin d metabolism, deficiency, and excess. *Top Companion Anim Med. 27*(4):159–64.

Daniel L. (2015) Nutritional Management of Hospitalized Small Animals 1st Edition, Wiley–Blackwell.

Debora G. (2020). Canine and feline nutrition and Dietetics: A Guide for The General Practitioner, Edra Spa.

German AJ. (2006) The growing problem of obesity in dogs and cats. J Nutr. 136(7 Suppl):1940S–1946S.

Guides and Manuals, AAFCO, 2024 updated.

Hand MS, Thatcher CD, Remillard RL. (2010) Small Animal Clinical Nutrition, 5th edition. Topeka: Mark Morris Institute

Harper EJ, Stack DM, Watson TDG. (2001) Effects of feeding regimens on bodyweight, composition and condition score in cats following ovariohysterectomy. J S Anim Prac.

42(9):433-4381

Ing NH, Steiner JM. (2024). *The Use of Diets in the Diagnosis and Treatment of Common Gastrointestinal Diseases in Dogs and Cats*. Adv Exp Med Biol. 1446:39-53.

Kather S, Grützner N, Kook PH, Dengler F, Heilmann RM. (2020). Review of cobalamin status and disorders of cobalamin metabolism in dogs. *J Vet Intern Med. 34*(1) 13-28.

LeGrand-Defretin V, Munday HS (1995). *The Waltham Book of Companion Animal Nutrition*. United Kingdom: Pergamon Press.

Linda P. Leighann D., Michael G et al. (2010). Canine and Feline Nutrition 3rd Edition. Mosby.

Macintire DK, Drobatz KJ, Haskins SC. (2005). *Manual of Small Animal Emergency and Critical Care Medicine*. Philadelphia: Lippincott Williams & Wilkins.

McNamara JP. (2014). *Principle of Companion Animal Nutrition*. 2nd edtion. Hoboken: Prentice-Hall.

Michael S. Hand, Craig D. Thatcher, Rebecca L. Remillard, Philip Roudebush (2000). *Small Animal Clinical Nutrition* (4th edition). United States: Mark Morris Institute.

Miller WL, Imel EA. Rickets, (2022) Vitamin D, and Ca/P Metabolism. Horm Res Paediatr. 95(6):579-592.

Nguyen P, Dumon H, Frenais R. (2001). Energy expenditure and requirement assessed using three different methods in adult cats. Compend Contin Educ Pract Vet. 23(9):86-86

Nutritional Guidelines, FEDIAF, 2024.

Patino JF, de Pimiento SE, Vergara A. (1999). Hypocaloric support in the critically ill. World J Surg. 23:553-559.

Polzin DJ, Osborne CA, Adams LD, O'Brien TD. (1989). Dietary management of canine and feline chronic renal failure. *Vet Clin North Am Small Anim Pract. 19*(3):539-60.

Redmillard RL, Thatcher CD. (1929). Parenteral nutritional support in the small animal patient. Vet Clin North Am Small Anim Pract. 19:1287-1306.

Riond JL, Stiefel M, Wenk C. (2003). Nutrition studies on protein and energy in domestic cats. J Anim Physiol Anim Nutr. 87(5-6):221-228.

ROBERTO ELICES MINGUEZ 저. 김현태 대표역. 김경보, 박수민, 송우진, 양세진, 이경미, 이정화 공동역(2022). 반려동물 영양학 아틀라스. 서울: 농경애니텍.

Van Vleet JF. (1975) Experimentally induced vitamin E-selenium deficiency in the growing dog. J Am Vet Med Assoc. 166(8):769–74.

Walker AL, DeFrancesco TC, Bonagura JD, Keene BW, Meurs KM, Tou SP, Kurtz K, Aona B, Barron L, McManamey A, Robertson J, Adin DB. (2022). Association of diet with clinical outcomes in dogs with dilated cardiomyopathy and congestive heart failure. J Vet Cardiol. 40:99–109.

https://rawznaturalpetfood.com/foods-your-cat-should-never-eat/

https://www.akc.org/expert-advice/nutrition/can-dogs-eat-avocado/

https://www.akc.org/expert-advice/nutrition/human-foods-dogs-can-and-cant-eat/

https://www.aspca.org/pet-care/animal-poison-control/people-foods-avoid-feeding-your-pets

https://www.humanesociety.org/resources/plants-and-food-can-be-poisonous-pets

(농업기술포털 "농사로"에 용어설명 부분) https://www.nongsaro.go.kr/portal/ps/psz/psza/feedContentMain.ps?menuId=PS00107&tabMenuNo=PS00259

(농업지식포털 "농사로" – 일반조성분) https://www.nongsaro.go.kr/portal/ps/psz/psza/feed-ContentMain.ps?menuId=PS00107&tabMenuNo=PS00259

저자소개

정연수
서울대학교 수의과대학 수의병인생물학 및 예방수의학 수의학박사
현) 경북대학교 의료보건학부 반려동물보건과

박수진
서울대학교 수의학과 수의병인생물학 및 예방수의학 수의학박사
현) 호서대학교 생명보건대학 동물보건복지학과

배은진
가천대학교 의과학과 분자의학 박사
현) 연성대학교 보건계열 반려동물보건과

안재범
서울대학교 의학과 면역학 의학박사
현) 오산대학교 보건의료학부 동물보건과

하윤철
서울대학교 수의학과 수의병리학 수의학박사
현) 연암대학교 동물보호계열 동물보건학과

홍하일
가톨릭대학교 의료경영학과 의료경영학 경영학석사
현) 호서대학교 생명보건대학 동물보건복지학과

황성우
원광대학교 농식품융합대학 동물응용과학 농학박사
현) 세명대학교 보건바이오대학 동물보건학과

감수

박희명
서울대학교 수의과대학 수의내과학박사
미국 UC Davis대학 신장및 혈액투석 방문교수
미국 테네시주립대학 박사후 연구원
WSAVA 한국대표대사
현)건국대학교 수의과대학 내과학교수
현)한국수의임상 영양학회 부회장

동물보건영양학

초　판 1쇄 인쇄 2025년 2월 21일
초　판 1쇄 발행 2025년 2월 28일

지 은 이 | 정연수 · 박수진 · 배은진 · 안재범 · 하윤철 · 홍하일 · 황성우
감　　수 | 박희명
펴 낸 이 | 김기섭
편 집 인 | 이현남
펴 낸 곳 | 창지사 www.changJisa.com
08589 서울시 금천구 가산디지털 1로 83 파트너스타워 1차 9층
전화 (02)719-2211~3
팩스 (02)701-9386
등　　록 | 1977년 4월 28일 · 제1-421호

ISBN 978-89-426-1916-0 (93490)

값 25,000원